乡村振兴战略

浙江省农民教育培训丛书

U0272265

甜瓜

melon

浙江省农业农村厅 编

中国农业科学技术出版社

图书在版编目（CIP）数据

甜瓜/浙江省农业农村厅编 . —北京：中国农业科学技术出版社，2019.9（2022.5重印）

（乡村振兴战略·浙江省农民教育培训丛书）

ISBN 978-7-5116-4377-3

Ⅰ.①甜… Ⅱ.①浙… Ⅲ.①甜瓜-瓜果园艺

Ⅳ.①S652

中国版本图书馆CIP数据核字（2019）第192085号

责任编辑	闫庆健　马维玲　王思文
责任校对	李向荣
出 版 者	中国农业科学技术出版社
	北京市中关村南大街12号　邮编：100081
电　　话	(010) 82106625（编辑室）　(010) 82109704（发行部）
传　　真	(010) 82106625
网　　址	http://www.castp.cn
经 销 者	各地新华书店
印 刷 者	北京建宏印刷有限公司
开　　本	787mm×1092mm　1/16
印　　张	10
字　　数	170千字
版　　次	2019年9月第1版　2022年5月第2次印刷
定　　价	43.00元

乡村振兴战略·浙江省农民教育培训丛书

编辑委员会

本书编写人员

序

习近平总书记指出："乡村振兴，人才是关键。"

广大农民朋友是乡村振兴的主力军，扶持农民，培育农民，造就千千万万的爱农业、懂技术、善经营的高素质农民，对于全面实施乡村振兴战略，高质量推进农业农村现代化建设至为关键。

近年来，浙江省农业农村厅认真贯彻落实习总书记和中央、省委、省政府"三农"工作决策部署，深入实施"千万农民素质提升工程"，深挖农村人力资本的源头活水，着力疏浚知识科技下乡的河道沟坎，培育了一大批扎根农村创业创新的"乡村工匠"，为浙江高效生态农业发展和美丽乡村建设持续走在全国前列提供了有力支撑。

实施乡村振兴战略，农民的主体地位更加凸显，加快培育和提高农民素质的任务更为紧迫，更需要我们倍加努力。

做好农民培训，要有好教材。

浙江省农业农村厅总结近年来农民教育培训的宝贵经验，组织省内行业专家和权威人士编撰了《乡村振兴战略·浙江省农民教育培训丛书》，以浙江农业主导产业中特色农产品的种养加技术、先进农业机械装备及现代农业经营管理等内容为

主，独立成册，具有很强的权威性、针对性、实用性。

丛书的出版，必将有助于提升浙江农民教育培训的效果和质量，更好地推进现代科技进乡村，更好地推进乡村人才培养，更好地为全面振兴乡村夯实基础。

感谢各位专家的辛勤劳动。

特为序。

浙江省农业农村厅厅长：林健东

内容提要

　　为了进一步提高广大农民自我发展能力和科技文化综合素质，造就一批爱农业、懂技术、善经营的高素质农民，我们根据浙江省农业生产和农村发展需要及农村季节特点，组织省内行业首席专家和行业权威人士编写了《乡村振兴战略·浙江省农民教育培训丛书》。

　　《甜瓜》是《乡村振兴战略·浙江省农民教育培训丛书》中的一个分册，全书共分五章，第一章生产概况，主要介绍甜瓜起源与分布、浙江省甜瓜产业现状；第二章效益分析，主要介绍甜瓜营养价值及食疗作用、社会及生态效益、市场前景及风险防范；第三章关键技术，着重介绍甜瓜主要品种、培育壮苗、整枝与授粉、土肥水管理、高效模式与栽培技术、病虫害防控、采收和保鲜贮运；第四章食用方法，主要介绍甜瓜选购技巧和方法，以及食用加工方法；第五章典型实例，主要介绍温岭市吉园果蔬专业合作社、宁波市鄞州景秀园果蔬专业合作社等十个省内农业企业、农民专业合作社及家庭农场从事甜瓜生产经营的实践经验。《甜瓜》一书，内容广泛、技术先进、文字简练、图文并茂、通俗易懂、编排新颖，可供广大农业企业种植基地管理人员、农民专业合作社社员、家庭农场成员和农村种植大户学习阅读，也可作为农业生产技术人员和农业推广管理人员技术辅导参考用书，还可作为高职高专院校、成人教育农林牧渔类等专业用书。

　　由于编者水平所限，书中难免有不妥之处，敬请广大读者提出宝贵意见，以便进一步修订和完善。

目录 *Contents*

第一章　生产概况

　　甜瓜最早起源于非洲，在我国广泛栽培，已有 4 000 多年的栽培历史。我国是世界上甜瓜栽培面积最大、总产量和消费量最多的国家。目前，浙江省甜瓜栽培面积约 24 万亩（1 亩 ≈ 667 平方米，全书同），主要分布在东部沿海，形成了"环杭州湾－环三门湾－环乐清湾－环温州湾"沿海甜瓜产业带，涉及嘉兴、杭州、宁波、台州、温州等 5 市，播种面积在 10 万亩以上，占浙江省甜瓜总播种面积的 50% 以上，产值达 10 亿元以上，集聚效应显著。

一、起源与分布

甜瓜，属葫芦科黄瓜属甜瓜亚属，为一年生蔓生草本植物。茎、枝有棱；叶柄长具槽沟及短刚毛；叶片表面粗糙，被白色糙硬毛；雌花单性或两性花，常见两性花雄花同株；雄花数朵簇生于叶腋；果实的形状、颜色因品种而异，通常为球形或长椭圆形；果皮平滑，有纵沟纹或斑纹；果肉白色、橙色或绿色，有香甜味；种子乳白色或黄色，卵形或长圆形，前端尖，表面光滑；全球温带至热带地区广泛栽培（图1-1）。甜瓜从食用角度来看，可作为水果，从生物学特性和栽培特性来看，则具有蔬菜作物的特点。甜瓜因其具有良好的食用和药用价值而在世界范围内广泛栽培，是世界十大水果之一，深受人们的喜爱。

根据甜瓜近缘野生种和近缘栽培种的分布，一般认为非洲的几内亚是甜瓜的初级起源中心，经古埃及传入中东、中亚（包括中国新疆）和印度。在中亚演化为厚皮甜瓜。12—13世纪由中亚传入俄国，16世纪初由欧洲传入美洲，19世纪60年代从美洲传入日本。传入印度的甜瓜进一步分化出薄皮甜瓜，再传入中国、朝鲜和日本。中国华北是薄皮甜瓜的次级起源中心。

全世界甜瓜主要分布在北纬45°至南纬30°的相适应地域。甜瓜在我国广泛栽培，已有4 000多年的栽培历史，在长期的生产实践中培育出众多优良品种，品种资源丰富，栽培方式多种多样，是世界上栽培面积最大，总产量最多的国家。并逐渐形成了一些知名的甜瓜优势产区，如新疆哈密瓜产区、甘肃白兰瓜产区、山东银瓜产区、江南梨瓜产区等。与品种类型相对应，我国的甜瓜分布区域大体可划分为厚皮甜瓜西北栽培区，厚皮、薄皮甜瓜中东部栽培区，薄皮甜瓜东北栽培区及部分地区厚皮、薄皮甜瓜设施栽培区。浙江的薄皮甜瓜栽培历史悠久。20世纪90年代以来，随着厚皮甜瓜东移，浙江设施栽培厚皮甜瓜发展迅速，形成了台州、宁海、嘉善等甜瓜主产区。

图1-1 大棚甜瓜

二、浙江省甜瓜产业现状

甜瓜产业是浙江省"十三五"重点发展的特色优势产业,在蔬菜瓜果产业中占有重要的地位,已成为一些地区农业增效、农民增收的支柱产业,为深入推进农业供给侧结构性改革、促进农民就业增收和经济社会平稳较快发展发挥了积极作用。

(一)种植面积

根据中国农业统计资料统计,2011—2016年浙江省甜瓜播种总面积在全国处于中上水平。2011—2018年,浙江省甜瓜播种面积呈现快速增长的趋势,从2011年的13.95万亩增长至2018年的23.9万亩,增幅71.33%(图1-2)。

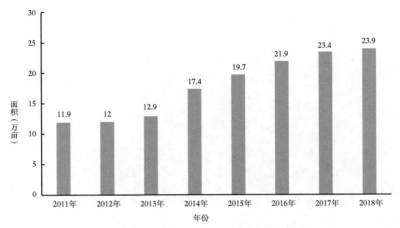

图1-2 浙江省2011—2018年甜瓜种植面积

（二）产量

根据中国农业统计资料统计，2011—2016年浙江省甜瓜产量在全国处于中上水平。2011—2017年，浙江省甜瓜总产量呈现快速增长的趋势，相比2011年增长74.56%；2018年浙江省甜瓜总产量停止一直增长的态势，出现小幅下滑，相比2017年下降1.76%（图1-3）。

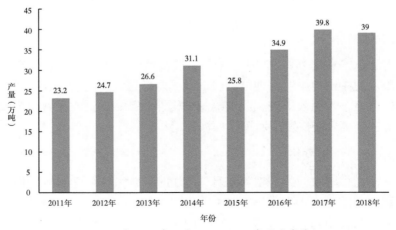

图1-3 浙江省2011—2018年甜瓜产量

（三）产值

根据国家西甜瓜产业技术体系宁波综合试验站调查，浙江省甜瓜产值从2011—2014年一直增加，到2015年出现降低，之后到2017年一直增加，2018年又降低。严重的是在2018年出现甜瓜产值大幅下滑，原因为2018年浙江省甜瓜价格整体低迷，价格达到了近5年来的最低点，究其深层次原因一是由于原有的销售渠道受到北方产品的冲击，造成地产甜瓜滞销；二是甜瓜上市时间推迟，大批量甜瓜集中上市，供大于求，甜瓜品质良莠不齐（图1-4）。

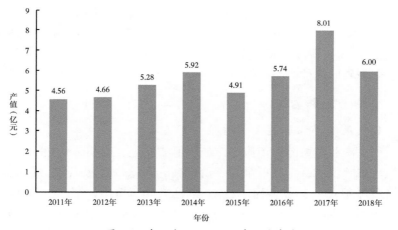

图1-4　浙江省2011—2018年甜瓜产值

根据国家西甜瓜产业技术体系宁波综合试验站调查，2011—2018年浙江省甜瓜平均亩产值10 236~14 508元，平均亩成本6 226~6 607元，平均亩纯收入4 010~7 901元。浙江省甜瓜平均亩产值和平均亩纯收入呈波动趋势，年份差异显著，整体呈下降态势；浙江省甜瓜平均亩成本呈波动趋势，整体呈上升态势。部分地区大棚甜瓜个别年份多批采收亩产值最高达20 000元，纯收入在12 000元以上，如嘉兴市嘉善县、宁波市宁海县和台州市三门县。

（四）生产分布

浙江省甜瓜生产分布在东部沿海，形成了"环杭州湾—环三门湾—环乐清湾—环温州湾"沿海甜瓜产业带，按甜瓜播种面积多少依次为台州、嘉兴、宁波、温州，4个市为甜瓜主产市，占全省甜瓜总面积的60%左右，集聚效应显著。

根据栽培类型，浙江省甜瓜栽培主要有设施栽培和露地栽培两种类型。设施栽培主要分布在宁波、台州、嘉兴、湖州、杭州等地，以钢管棚、毛竹棚和防台小棚三膜覆盖爬地栽培为主，一般在4月下旬到6月上旬上市。

（五）品种结构

从品种结构来看，厚皮甜瓜主栽品种中脆肉型的有"西州密25号""甬甜5号""东方蜜1号"等，软肉型的有"西薄洛托""银蜜58""沃尔多""古拉巴""玉菇"等，厚皮甜瓜约占全省甜瓜总种植面积的70%；薄皮甜瓜主栽品种有"黄金瓜""白啄瓜""菜瓜"等，约占全省甜瓜总种植面积的30%。

（六）发展趋势

1. 发展精品甜瓜是大势所趋

甜瓜产业发展的重点应定位在精品甜瓜上，当前，普通的低端甜瓜供应日趋饱和，存在瓜难卖、价难高的问题。最近几年，随着国家经济发展和人民生活水平的提高，浙江省拥有杭州、宁波、温州等大城市较多高端消费人群，消费者对甜瓜的品质要求越来越高，对高档甜瓜的需求量越来越大，发展满足高收入消费者需求的中高档甜瓜前景广阔。

2. 选育适宜简约化栽培的甜瓜新品种

近年各省纷纷调高最低工资标准，以吸纳足够的产业工人，各地经常遭遇"用工荒"。相比于其他地区，浙江省的劳动力价格较高，劳动力成本在种植成本中居高不下，且有进一步增加趋势。劳动力价格的大幅提升增加了种植户的成本负担，降低了农业种植的效益，一定程度上削弱了农民种植的积极性。适宜简约化栽培的甜瓜新品种具有轻整枝、免整枝的特点，结合翻耕机、覆膜机、弥雾机、水肥一体化等农艺设施设备，能够大幅减少劳动力成本，是甜瓜品种选育的发展趋势。

3. 大力发展设施栽培

目前，厚皮甜瓜主要采用设施栽培，薄皮甜瓜主要采用设施栽培和露地栽培。浙江省的气候特点是，春季常遭遇长时间的低温阴雨寡照，夏季有较长时间的梅雨天气，夏秋季易遭受台风袭击，因此设施化栽培是甜瓜种植的发展趋势，薄皮甜瓜设施栽培的面积和比例将会进一步提高。

第二章 效益分析

　　甜瓜品种繁多，类型多样，甘甜芳香，营养丰富，具有消暑清热和生津解渴的作用，是人们盛夏消暑瓜果中的佳品。甜瓜是高附加值经济作物，是典型的高产出、高效益的园艺作物，是调整农业产业结构、实现乡村振兴的重要途径，在促进农业增效、农民增收等方面发挥了积极的作用。

一、营养价值及食疗作用

（一）营养价值

甜瓜甘甜芳香，主要以成熟的果实作鲜果消费。甜瓜果形、果皮色、果肉色、网纹、棱沟、花纹等多种多样，口感有脆、绵、软、沙、粉、面、鲜、酥之分，香味有浓、淡之分，能够满足不同消费者的需要。甜瓜营养丰富，富含葡萄糖、果糖、蛋白质、矿物质和多种维生素，具有消暑清热和生津解渴的作用，是人们盛夏消暑瓜果中的佳品。据测定，每100克鲜重含量（以黄金瓜为例）：可食部74%、水分92.4克、蛋白质0.4克、脂肪0.5克、碳水化合物5.6克、钙19毫克、磷22毫克、铁0.3毫克、胡萝卜素0.03毫克、维生素 B_1 0.02毫克、维生素 B_2 0.01毫克、维生素C 15毫克及烟酸、各种氨基酸等营养元素及芳香物质。

（二）食疗作用

甜瓜为凉性水果，少数脆瓜品种性温，中医认为甜瓜具有"消暑热，解烦渴，利小便"的功效，《食疗本草》就有甜瓜"止渴，益气，除烦热，利小便，通三焦壅塞气"的记载。甜瓜果肉、茎、叶、花、果蒂、果皮、种子均可入药，具有保肝、护肾、催吐、杀虫等功效。甜瓜含热量高，可作为高热量零食的替代品，有助于减肥；富含钾素有助于控制血压，预防中风；富含植物纤维可缓解便秘；含有的转化酶可将不溶性蛋白质转化为可溶性蛋白质，有助于肾病患者的营养吸收；含有的叶酸则有助于胎儿智力发育；甜瓜果蒂中的葫芦素B可保肝护肝，减轻慢性肝损伤。

二、经济、社会及生态效益

（一）经济效益

甜瓜是高附加值经济作物，生产效益较高，优质优价日趋明显。根据主产区调查，2019年上半年甜瓜价格总体较高，效益高于往年。

甜瓜上市初期产地价格每千克15元，4—5月价格仍然高位运行，最高每千克12元，上半年均价每千克约6元。如宁波地区"东方蜜"甜瓜上市价格每千克8元；台州地区"甬甜5号"最初上市价格每千克为12元，后期一直维持在每千克6元，价格形势高于往年同期水平；优质优价明显。嘉善窖温果蔬专业合作社高品质甜瓜每千克批发价比市场高0.6~1.0元，宁波"龙乡园""静涛""灵山仙子"等品牌甜瓜，每千克收购价比普通品牌高1元，且供不应求。

（二）社会效益

甜瓜是典型的高产出、高效益的园艺作物，在农业增效、农民增收方面发挥了重要作用。

甜瓜生产周期短，种植效益高，已成为全国各地调整农业生产结构、发展特色农业、增加农民收入、促进农业增效的支柱产业之一。随着农业产业结构调整和效益农业的发展，我国经济的快速发展和人们对生活质量要求的提高，农产品质量越来越受到广大消费者的关注。积极推广优质、高效的栽培技术，大力推广优良新品种，创新发展设施栽培，提高了甜瓜生产的科技含量，既提升了瓜农的科技素质，又为区域经济创造良好的发展机遇，加速当地现代农业的发展速度，在满足社会物质生活需要的同时，为农村劳动力创造了就业机会，增加了农民收入，促进了农村经济的发展。

（三）生态效益

甜瓜生长周期短，一般3~5个月即可采收上市，生产上也可与其他作物间作套种，创造了多种高产高效的种植模式，为发展高效农业增添了新的亮点。甜瓜是一种高投入、高产出的集约化栽培的作物，瓜农们非常注重园地的精耕细作和增施肥料，特别重视有机肥的使用。甜瓜嫁接栽培能够减少化肥和农药的使用，对生态环境较为友好。再者，甜瓜藤蔓含有丰富的N、P、K等营养素。实行甜瓜和水稻等作物的轮作，甜瓜藤蔓还田，又能提高土壤的营养成分和有机质含量，因而可有效提高土壤肥力，改善农田的生态环境。甜瓜种植与都市农业、观光农业、采摘农业相结合，提升甜瓜文化软实力，将第一、第二、第三产业联合融合，通过建设甜瓜文化园、博物馆、主题乐园，将甜瓜从其生产历史起源、品种和生产过程演变到产品特色开发等方面进行全方位的挖掘与展示，可大大提升甜瓜的附加值，同时能发挥遮阳、降温、净化空气的生态效应。

三、市场前景及风险防范

（一）市场前景

国内甜瓜流通市场已实现周年供应。从1月海南甜瓜上市供应，到3月云南甜瓜陆续上市，之后4月浙江和广西甜瓜供应市场，一直持续到5月，6—8月为甜瓜上市高峰期。东北地区的大棚甜瓜、长江中下游的甜瓜、西北地区露地甜瓜陆续上市，加上9—10月浙江秋季甜瓜补充，可以一直延续到元旦和春节。

未来几年，我国甜瓜人均消费量将达到更高水平，也就是说国内甜瓜发展空间很大，只要不断提高标准化、轻简化生产水平，降低劳动力成本，使生产成本低于国外甜瓜，这样既可占领国内市场，还能出口占领部分国际市场。

目前，优质甜瓜果实大部分仍以鲜销为主，通过贮藏保鲜技术，不但延长了本地的市场供应期，还可远销到其他地区以及出口到国际市场。一部分用于加工，如甜瓜干、甜瓜脯、甜瓜酒等。随着科学技术的不断发展，品种的选育、品质的提高以及包装、贮藏保鲜和加工业的兴起，无论在国内还是在国际市场上，甜瓜的市场前景都十分看好。

（二）风险防范

1.种植设施与种植结构

很多地方的甜瓜设施栽培普遍存在种植设施简陋的问题，只是简单的采用单一化的大棚技术，而且大棚的高度和跨度都不够大，具备的采光与保温性能不够好，遇到自然灾害容易出现问题。另外，甜瓜的种植结构也不尽合理，瓜农在选择甜瓜种植品种时只考虑当前的市场需求，不关注市场的变化。很多瓜农在甜瓜种植时主要考虑熟悉的品种，而对于新品种以及其他种类的品种相对考虑较少，直接导致种植结构不合理，影响瓜农的收益。

2. 种植人员科技素质

甜瓜设施栽培的发展要求瓜农具备一定的科学技术素质，还要具备应用科技的能力。但是，从当前甜瓜设施栽培状况来看，很多瓜农没有进行过专业的技术培训，无法全面掌握甜瓜栽培技术，在应对病虫害方面更是有心无力。瓜农的文化科技素质限制了新技术成果的推广，他们中的大多数仍旧采用的是传统的生产模式，不利于生产效率进一步的提升。

3. 市场体系

市场是指引甜瓜设施栽培规模与方向的重要因素，但是市场体系不健全又是影响其种植效益的因素。当市场体系还没有完全形成的状态下，没有建立健全的市场法则，如果只是依靠政府的宏观调控，就可能出现市场失灵的状况。此外，市场体系不健全，甜瓜产品受市场行情波动的影响比较大，就算是生产出质量好的甜瓜产品，也可能会因为销路问题导致经营效益不高。

4. 生产成本持续走高，比较效益滑坡

目前，城市郊区瓜农的平均年龄在 60 岁左右，远离大城市的产区瓜农年龄以 55~60 岁居多，且多数是妇女。劳动力不仅结构劣化，而且成本持续上涨。其次是综合机械化率非常低。整个甜瓜生产的综合机械化率在 20%~30%，甜瓜设施栽培的机械化率更低。由于机械化程度低，生产用工多就不可避免。再次是资源消耗高，甜瓜生产单位面积的水、肥、药消耗量远高于大田作物，其利用率比大田作物更低，农资的投入也不断增加。所以生产成本上涨对甜瓜生产影响最大的是比较效益下滑。

5. 甜瓜产业组织发展滞后

甜瓜设施生产大多数仍以散户为主。而且相关的社会化服务严重缺失。甜瓜专业合作社大多有名无实，并未真正对甜瓜设施生产进行统一规划、统一农资采购、统一种苗培育、统一病虫防治、统一产品等级标准和统一品牌销售，利益联结机制非常松散，缺乏现代经营销售服务组织。所以，加快提升甜瓜产业组织化程度仍是当前的工作重点。

第三章 关键技术

　　甜瓜生产的关键技术可以分为产前、产中、产后三部分。产前技术主要是确定适合本地种植的优良品种；产中技术主要是田间管理技术，包括育苗、嫁接、整枝与授粉、土肥水管理、高效栽培模式、高效栽培技术、病虫害防控；产后技术主要是采收和保鲜贮运。

一、主要品种

（一）厚皮甜瓜品种

厚皮甜瓜亚种起源于非洲、中亚（包括我国新疆）等大陆性气候地区，生长发育要求温暖、干燥、昼夜温差大、日照充足等条件。厚皮甜瓜植株生长旺盛，叶色浅绿，叶片、花、果实、种子均较大，产量高，单瓜重1~3千克，折光糖含量10%~15%，果皮较韧，耐储运，果肉厚，香气浓郁，风味佳。

1.西薄洛托

西薄洛托（图3-1）由日本八江农芸株式会社培育，曾获得日本甜瓜育种一等奖。该品种植株生长势中等，叶片小，节间短，发枝力强，坐果容易。果实自开花至成熟40天左右，果实呈圆球形，单果重1.1千克左右。果皮纯白有透明感，外观漂亮。果肉白色，肉厚约3.4厘米，中心糖含量15%~16%，肉质脆。适于大棚春季早熟栽培。

图3-1　西薄洛托

2.玉菇

玉菇（图3-2）由我国台湾农友种苗公司培育。该品种植株生长势强，早春低温生长良好，坐果力较强，开花至果实成熟30~38天，为中熟品种。果实呈高球形，单果重1.3千克左右。果皮淡绿白色，果面光滑或偶有稀少网纹。果肉绿色，肉厚4.6厘米，肉质柔软细嫩，汁多味甜，中心糖含量16%~17.5%，且在高温时期品质也相当稳定。

图3-2 玉菇

适于大棚早春栽培。

3. 银蜜 58

银蜜 58（图 3-3）由宁波市农业科学研究院育成。该品种生长势中强，果实呈高球形，白皮白肉，果形整齐，坐果率高，不易裂瓜。商品率高，中心糖含量 15% 左右，肉质软，香味浓郁，口感佳。果实发育期 33~40 天。单果重 1.5~2.0 千克，亩产量可达 2 200 千克以上。适于大棚早春栽培。

图3-3 银蜜58

4. 古拉巴

古拉巴（图 3-4）由日本八江农芸株式会社培育。该品种生长势中等，不抗病，耐低温，果实在 22℃时能正常结果膨大，果实自开花至成熟 35 天左右，为早熟品种。果实呈圆球形，单果重 0.5~1.0 千克，亩产量 1 800 千克左右。果皮淡绿白色，果面光滑。果肉淡绿色，果肉厚 3.8 厘米，肉质细腻，中心糖含量 14% 左右。适于大棚春季早熟栽培。

图3-4　古拉巴

5. 沃尔多

沃尔多（图3-5）由杭州三雄种苗有限公司、浙江美之奥种业有限公司、金华市农业科学研究院选育。该品种植株长势较强；果实呈椭圆形，平均单瓜重1.7千克左右，亩产量2 100千克左右。果肉厚3.2厘米左右，白皮白肉，中心糖含量15.5%左右。果型美观，果实品质好。适于大棚春季早熟栽培。

图3-5　沃尔多

6. 甬甜5号

甬甜5号（图3-6）由宁波市农业科学研究院育成，属脆肉型小型哈密瓜杂交品种。果实呈椭圆形，白皮橙肉，细稀网纹；中心糖含量约15%，松脆可口，风味佳，品质优。果实发育期38~43天。平均单果重约1.5千克，亩产量2 000千克左右。生长势强，蔓枯病抗性较强，易坐果，质地松脆、品质佳，不易裂果。适宜大棚春、秋季栽培。

图3-6　甬甜5号

7. 丰蜜 29

丰蜜29（图3-7）由宁波市农业科学研究院育成，属脆肉型小型哈密瓜杂交品种。生长势强，果实呈椭圆形，果皮灰绿色，覆有细密网纹，单果重约1.6千克，亩产量2 000千克左右。果肉橙色，中心糖含量约16%，肉质清甜松脆，风味佳。江浙地区设施栽培果实发育期为35~40天。突出优势是耐高温、肉脆质甜、结实能力强、易栽培、商品率高。适宜大棚春延后或夏、秋季栽培。

图3-7　丰蜜29

8. 东方蜜 1号

东方蜜1号（图3-8）由上海市农业科学院育成。该品种植株长势中等，综合抗性好，容易坐果，果实呈椭圆形、白皮带细纹，单果重1.5千克左右，橙红色果肉，厚4厘米左右，肉质松脆、细腻、多汁，中心糖含量16%左右，口感风味佳。果实发育期40~45天。适合于设施栽培。

图3-8　东方蜜1号

9. 西州密25号

西州密25号（图3-9）由新疆维吾尔自治区葡萄瓜果开发研究中心育成。该品种属于中熟品种，全生育期春造115~125天，雌花开放授粉至果实成熟53~58天。苗期长势健旺，中期长势较强，后期长势一般，不易衰老。极易坐果，果实呈椭圆形，平均单果重2.0千克，浅麻绿、绿道，网纹细密全，果肉橘红，肉质细、松脆，风味好，肉厚3.1~4.8厘米，中心糖含量15.6%左右。适宜大棚春、夏、秋季栽培。

图3-9　西州密25号

10. 甬甜7号

甬甜7号（图3-10）由宁波市农业科学研究院蔬菜研究所选育而成，优质小型哈密瓜品种。果实呈椭圆形，果皮白色，果肉浅橙色，中密网纹，平均单果重约1.8千克；中心糖含量约15.0%，松脆可口，香味浓郁，口感佳。中熟，全生育期95~110天，果实发育期约42天；生长势强，耐高温性好，坐果率高，不易裂瓜，抗病抗逆性突出；适宜早春、越夏和夏秋茬栽培。

图3-10　甬甜7号

11. 夏蜜

夏蜜（图3-11）由浙江省农业科学院蔬菜所选育而成，早熟半网纹（稀疏纹）甜瓜类型，果实发育期41天左右，单果重1.3千克，果实呈高球形，成熟时果皮墨绿近黑色，果面覆有稀疏不规则较细纹，果柄不易脱落。果肉绿色，肉厚3.5厘米，中心糖含量16%以上，口感脆带点粉质，味好纯正。该品种花期集中，极易坐果、整齐。田间对蔓枯病有较强的抗、耐性，白粉病抗性较弱。适合浙江省春秋设施栽培。

图3-11　夏蜜

12. 翠雪5号

翠雪5号（图3-12）由浙江省农业科学院蔬菜所选育而成，中晚熟厚皮甜瓜新品种。果实发育期45天左右，平均单果重1.2千克以上，果实呈椭圆形，果形指数1.34左右，果蒂部稍尖，成熟时果皮乳白色，果肉白色，中心糖含量16%左右，肉质口感松脆，味好纯正，品质优良；中抗白粉病、蔓枯病，中感霜霉病。综合抗性较好，特别是耐热性强，适合浙江省大棚草莓后作、设施越夏栽培国庆节前上市、设施秋季栽培。

图3-12　翠雪5号

（二）薄皮甜瓜品种

薄皮甜瓜亚种起源于印度和我国西南部，喜温暖，较耐湿抗病，适应性强，在我国除无霜期短、海拔3 000米以上的高寒地区外，南北各地广泛种植。薄皮甜瓜植株长势中等，叶色深绿，叶片、花、果实较小，单瓜重0.3~1千克，可溶性固形物含量8%~12%，皮软或薄而脆，不耐储藏和运输，适宜就近销售，果肉薄，具芳香味，皮、瓤、汁均可食用。

1. 黄金瓜

黄金瓜（图3-13）又名十棱黄金瓜。江苏、上海、浙江一带优良地方薄皮甜瓜品种。早熟，全生育期70~75天。耐湿性强，抗白粉病，高产质。孙蔓结果。果实呈短椭圆形，皮色金黄，有10条银白色棱沟，脐小而平。单果重0.4千克左右。果实雪白，厚1.5~1.8厘米。质脆味香，品质上佳，中心糖含量12%左右。果实发育25~30天。露地及小棚覆盖均可，亩产1 500千克左右。

2. 黄子金玉

黄子金玉（图3-14）为浙江、上海、安徽等长江中下游地区的主栽品种之一。果实呈椭圆形，成熟果金黄色，果肉白色，果面有棱

图3-13　黄金瓜

图3-14　黄子金玉

沟；极易坐果，平均单株可坐果3~4个，平均单果重1.2千克，肉厚3.0厘米，中心糖含量12%~14%；肉质脆爽，风味香甜纯正；植株长势强、抗病能力强、易栽培、早熟，适合保护地和露地栽培。

3. 登步黄金瓜

登步黄金瓜（图3-15）为舟山普陀登步岛的薄皮甜瓜地方品种。瓜个小，呈椭圆形，近瓜柄端略小，瓜柄短，单果重250克左右，成熟果皮薄，皮色金黄亮丽，瓜蒂小。果肉白色，厚1.2~1.5厘米，肉质脆爽香甜，中心糖含量12%~14%，亩产2 000千克左右。

4. 翡翠绿宝

翡翠绿宝（图3-16）由宁波市农业科学研究院育成。该品种为优质绿皮梨瓜品种。果实呈梨形，果皮绿色，果肉绿色，单果重0.4~0.6千克，亩产2 000千克左右。中心糖含量约13%，肉质脆，香甜可口。果实发育期约33天，光照充足成熟期提早，成熟时果面

图3-15　登步黄金瓜

图3-16　翡翠绿宝

偶有黄晕。生长势强，孙蔓结果为主，长势稳健，易坐果，不易裂瓜。露地及小棚覆盖均可。

5. 白啄瓜

白啄瓜（图3-17）为温州地方品种，果实呈扁圆形，种皮较厚，果腔较小，成熟后果皮洁白似玉、光滑，单果重0.3~1.0千克。果肉白色，肉质细、汁多，糖度高，风味佳。全生育期95~110天，果实发育期28~35天，植株生长较旺，抗病性强，易坐瓜。亩产2500千克左右。

6. 小白瓜

小白瓜（图3-18）为舟山地方品种，果实呈扁圆形，果皮和果肉均为白色，成熟后果皮洁白如玉、光滑，单果重0.4~0.8千克，肉质细、汁多，糖度高，风味佳。全生育期90~105天，果实发育期26~32天，植株生长势强，抗病性强，易坐瓜。亩产2300千克左右。

图3-17　白啄瓜

图3-18　小白瓜

（三）甜瓜专用砧木品种

1. 甬砧9号

甬砧9号（图3-19）由宁波市农业科学研究院蔬菜研究所选育而成，嫁接甜瓜专用砧木品种，为野生甜瓜杂交一代。该品种高抗甜瓜枯萎病，耐低温耐湿性强，根系较普通甜瓜发达；下胚轴粗壮、嫁接亲和力好，嫁接成活率可达96%以上；同各种类型甜瓜嫁接后能避免果实产生异味，保留接穗果实原有的清香，不改变其肉质与口感，商品性好；适宜中小果型甜瓜早春嫁接栽培。

2. 思壮12

思壮12（图3-20）由宁波市农业科学研究院蔬菜研究所选育而成，为印度南瓜和中国南瓜杂交一代，大白籽类型南瓜砧木。该品种高抗甜瓜枯萎病，植株长势较强，耐徒长性好，嫁接适期长；下胚轴不易空心，嫁接成活率高，可达95%以上；适合各种不同类型甜瓜

图3-19　甬砧9号

图3-20　思壮12

嫁接，可提高接穗对环境的抗逆性，显著增加产量，且对接穗甜瓜品质影响极小，耐低温和耐高温性能均较好，适宜早春和夏秋茬栽培。

3. 全能铁甲

全能铁甲（图3-21）由山东德高蔬菜种苗研究所育成的印度南瓜和中国南瓜杂交一代，大白籽类型南瓜砧木。该砧木品种是通用型

图3-21　全能铁甲

瓜类嫁接砧木，以嫁接甜瓜为主，也可嫁接甜瓜、黄瓜等其他瓜类品种，与不同瓜类的嫁接亲和性好。高抗枯萎病和雨后急性凋萎病，耐低温，适合做甜瓜早熟栽培的砧木，因同时具有良好的耐暑性，亦适合秋季延迟嫁接栽培。

二、培育壮苗

（一）育苗

育好苗是甜瓜稳产、丰产的基础。甜瓜栽培可采用直播和育苗移栽两种方法。大田直播根系发育好，抗旱能力强，且成本较低，但用种量增加，容易缺株，生长不一，管理困难。育苗移栽可提前在保温条件下培育壮苗，当气温条件适宜时定植于田间，达到一次齐苗，能充分利用生长季节，提早坐果和上市。

1. 育苗方式

根据栽培季节培育不同大小的甜瓜秧苗，冬春季低温季节采用保护地配有加温和多层覆盖保温设施培育大苗，苗龄 30~50 天。夏秋季高温季节用穴盘培育小苗甚至子叶苗，苗龄 7~15 天，应配有防虫网、遮阳网等设施。育苗对设备和技术要求高，宜采用集中专业化育苗的方式，有条件的育苗大户或合作社还可采用穴盘育苗或工厂化育苗。壮苗的标准是子叶肥大，真叶宽大，叶色浓绿，茎矮粗壮，根系发达，不徒长，无病虫害。

2. 育苗前准备

（1）苗床设置。苗床应选择在地势高燥，地下水位低，排灌方便，无土传病害，向阳、平坦的地块，能保证水电的正常供应。

①冷床：冷床指不采用人工加温的苗床，白天利用太阳辐射提高床温，夜间通过多层覆盖物来提高保温效果。

②温床：常用的电热温床通过电阻丝加温育苗床，配控温仪实现温度的调节，能提供稳定可靠的温度，育苗效果好，适合浙江省冬春季温度低时采用。苗床长 15 米左右，宽 1.5 米，挖成凹床，深 5 厘米，便于操作管理。为保温下铺一层旧薄膜，填入 2~4 厘米厚的干砻糠，上盖一层无病细土，拍平土面，铺电热线（图 3-22）。一般

在冬季12月中旬播种，每平方米苗床需要电功率100瓦，用1000瓦的电热线，布线间距为8~9厘米，中间稀，两边密。布线完毕，先接上电源和控温仪，检查线路是否畅通。若无故障，切断电源，再在电热线上撒细土或砻糠灰1~2厘米，将电热线覆盖严密，然后把营养钵装好土，紧密排列于苗床，边上用土封牢，覆膜，减少水分蒸发。注意：地热线不得剪断，布线时不得交叉、重叠和扎结；使用2根或2根以上电热线时，应采取并联接法，不可串联；

图3-22　电热线加热

电热线应全部埋入土中，不能暴露在空气中；人员进入通电的加温区操作时，务必切断电源，确保安全。

（2）育苗容器。

①营养钵育苗：甜瓜根系纤细，在移栽过程中易受损伤，不易恢复，应带土护根移栽。冬春季育大苗时间长，以直径为10厘米的营养钵育苗效果好，夏秋季育小苗时间短，可用8厘米的小营养钵。

②穴盘育苗（图3-23）：穴盘育苗成苗率较高、病害易控制、用工少、床地占用面积小，有促早发等效果。一般选用32穴或50穴的穴盘，选用瓜类专用育苗基质，或用泥炭与珍珠岩按照2:1比例混合。基质必须进行消毒以杀灭线虫、病菌，

图3-23　穴盘育苗

一般每立方米基质加多菌灵 200 克。

③营养块育苗（图 3-24）：可选用专业化生产的商品育苗营养块育苗，育苗效果好。将压缩型基质营养钵摆放在托盘内，播种前 1~2 天用清水浇透基质块，使其充分吸水膨胀后备用。

（3）营养土配制。营养土的配制与幼苗健壮和护根效果有密切关系，营养土要求疏松、团粒结构好、既透气又保水保肥、无病虫和杂草种子，而且要满足苗期对氮、磷、钾各种营养的需要。适宜的养分含量是培育壮苗的基础，养分过多易使

图3-24　营养块育苗

幼苗生长过旺，遇到不利气候条件，易造成秧苗徒长和猝倒病的发生；养分不足，幼苗生长势过弱，会产生僵苗。

①配方：取 5 年以上未种过瓜类的稻板土 70%~80%，加优质腐熟厩肥 20%~30%，适量水混匀，用薄膜覆盖堆制 1~2 个月后，过筛备用。营养土切忌用菜园土或种过瓜类作物的土壤，临时取土临时堆制，或用未经腐熟或腐熟不透的农家肥。

②消毒：营养土应消毒以杀灭病菌，可用 50% 多菌灵或 50% 苯菌灵或 30% 苗菌敌消毒，每立方米用量为 80~100 克。苗床消毒一般每平方米用 50% 多菌灵 4~5 克，加水 100 倍溶解稀释后均匀喷洒于床土上。

③装钵：装营养钵前 7 天每吨营养土内再加入三元复合肥（N：P：K 为 5:15:15）1.5 千克，过磷酸钙 2 千克和硫酸钾 1 千克拌匀，其干湿度以手捏成团、落地能散为宜。用 10 厘米塑料营养钵装土，将营养钵紧实排列于温床上，空隙处用土封实。钵上可每平方米撒施 3% 的辛硫磷颗粒剂 10 克，以杀死地下害虫。

3. 催芽播种

（1）确定合适的播种期。根据设施保温条件及计划安排上市的时

间推算确定播种时间。一般冬季育苗（图 3-25）苗期为 30~60 天，夏季育苗苗期为 10~15 天。甜瓜多膜覆盖特早熟越冬栽培一般在 11 月中下旬至 1 月初播种，甜瓜早春栽培在 1 月中下旬至 2 月下旬播种，甜瓜越夏栽培在 4 月下旬至 5 月中旬播种，甜瓜秋延后栽培在 7 月中旬至 8 月上旬播种。

图3-25　甜瓜冬季育苗

（2）种子消毒和浸种催芽。播种前把种子置于阳光下晾晒两天。物理方法用温汤烫种，把种子浸入 55℃的水中，边浸边搅动，当水温降至 40℃左右时可停止搅拌；化学处理通常选用 1% 高锰酸钾溶液浸种 15 分钟，捞出后用清水冲洗干净。然后再用清水浸泡 2~3 小时，放在恒温箱或发芽箱内进行催芽。催芽温度 28~30℃，24 小时后种子胚根露白或稍伸长即可分拣挑出备播，没播完的出芽种子可用湿毛巾包裹放入 4℃冰箱中以抑制芽的伸长，没有发芽的种子继续催芽。一般经 48 小时催芽，甜瓜种子发芽率可达 70%~90%。在没有发芽箱或恒温设备的情况下，可采取简易催芽办法：电热毯催芽法，将湿毛巾包裹的种子再包上农膜，包在电热毯里，将温度调在"中档"即可。

（3）播种。播种前一周，育苗棚覆膜保温。播种前两天，一次性浇足营养土底水，晾干，并预热苗床，保持土温在25℃以上，当种子出芽后即可播种。春季播种时间应根据天气预报2~3后晴天的日期进行，夏季宜午后，一钵一粒，种子宜平放，播后盖细泥1厘米，铺上地膜，搭好中小拱棚覆膜保温。专业户大批量的甜瓜育苗宜先统一采用平盘落籽播种，待出苗后再移进营养钵的"两段法"育苗方式，便于统一操作管理，克服营养钵直播育苗易发生出苗时间前后不一、长成高脚苗的缺点。"两段法"育苗种子催芽时间可短些，露白后即可播种。

4. 苗床管理

（1）温度管理（图3-26）。在温度管理上宜根据"两高两低"的原则，分4个时期进行管理。第一时期：播种后至子叶出土，为加速出齐苗，适宜温度为28~32℃，苗床应严密覆盖，白天充分见光提高床温，夜间覆盖保温，使出苗快而整齐。甜瓜一般2~3天即可出苗，当

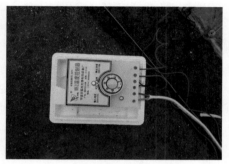

图3-26　控温仪

30%~40%的苗出土后及时揭去地膜，"戴帽"苗要在早晨湿度大时及时人工去壳。第二时期：出苗约50%到第一片真叶展开，适当降低苗床温度，白天保持23~25℃，夜晚控制在15~18℃，防止秧苗徒长，形成"高脚苗"。第三时期：真叶展开至移栽前一周，甜瓜的真叶长出后适当升温，白天温度控制在25~28℃，夜间温度控制在18~20℃，以加速瓜苗生长。第四时期：定植前一周炼苗，白天温度控制在25℃，夜间床温控制在18℃左右。此时若无强冷空气，晴天较多，昼夜可不加温。白天开南面棚门通风炼苗，炼苗时应注意通风口背风，以免冷风直接吹入伤苗，通风量应由小到大，逐渐增加，并逐步降低温度和揭膜通风炼苗，以提高适应性和抗逆性，使瓜苗健壮，移栽后缓苗时间短，恢复生长快。如遇到连续阴雨天气，为减少呼吸消耗，床温可降至15℃。不同栽培方式的炼苗时间和炼苗程度不同，如采用大棚栽培，可以不炼或轻炼；采用小拱棚栽培的，可以

适当轻炼，一般 4~5 天即可；而大田露地或地膜覆盖栽培的，则应适当重炼，移栽前 7~10 天开始炼苗，以适应早春外界的低温环境。但也不可片面强调炼苗，过早揭膜温度变化过大，易导致僵苗。

（2）肥水管理。为减少病害发生，水分管理宜见干见湿。由于电热温床水分蒸发与大田冷床育苗不同，往往是钵底水分散发早而快，因此补水时可用洒水壶去头进行点浇。不同育苗方式浇水次数需区别对待。如用水稻土营养钵育苗，其保水力强，浇水 2 次即可，时间为第一片真叶期和移栽前 3 天；如用基质育苗，由于基质疏松，保水力差，浇水次数需 1 周 1 次，视情况增浇。苗床前期应严格控制浇水，因为在播种前苗床已浇透水，水分蒸发量又不大，浇水会降低床温和增加湿度，容易引起幼苗徒长，发生病害。可用覆盖细土的方法减少水分蒸发，降低棚内湿度。最好采用潮汐式苗床，让水分从底部渗上去，能够降低田间湿度、减少病害传播。甜瓜苗期不用施肥，若出现缺肥症状，可结合病虫防治喷施 0.2% 磷酸二氢钾溶液。如遇强冷空气影响时，除采取闭棚保暖，傍晚加盖小拱棚、覆盖遮阳网或无纺布等保温措施外，苗床应停止浇水，控制营养钵内水分含量，低温来临前两天再喷一次 0.2% 磷酸二氢钾溶液，以提高植株的抗逆性。

（3）光照管理。苗床内应尽量增加光照，使用新农膜以增加透光率。在苗床温度许可情况下，小拱棚膜要尽量早揭晚盖，延长光照时间，降低苗床湿度，改善透光条件。即使遇到连续大雪、低温等恶劣天气，在保持苗床温度不低于 16℃的情况下，也要利用中午温度相对较高时通风见光降低湿度，不能连续遮阳覆盖。同时根据光照强弱进行人工补光，一般每 10 平方米苗床用白炽灯泡 300 瓦左右，挂于小拱棚的横杆上，在 10:00—14:00 进行补光（图 3-27）。在久雨乍晴的天气下，苗床温度会急剧升高，瓜苗会因

图3-27　冬季补光

失水过快而发生生理缺水，出现萎蔫现象，不能马上揭膜见光通风，可适当遮阳"回帘"，让幼苗接受散射光，并用喷雾器在幼苗上喷洒水雾，补充幼苗散失水分，缓解萎蔫程度。

（4）病虫害防治。早春育苗因苗床温度低、湿度大，易发生猝倒病、炭疽病等多种病害，除尽量降低棚内湿度、增加光照外；可喷药防病。如连续低温弱光阴雨天气不能喷药，可用百菌清烟熏剂（一熏灵）熏烟，每标准棚用4颗，小拱棚内禁止使用，以防药害。注意蚜虫防治，移栽前喷药追肥，做到带肥带药定植。

5. 适时移植

定植前苗床必须逐渐降温至20℃左右。定植前5~7天开始炼苗时，应停止喷水和施肥，加大通风量，逐渐使秧苗适应栽培地环境，以提高成活率。春季幼苗2~3片真叶展开，夏秋季以1叶期时为最佳移植时期。

（二）嫁接育苗

甜瓜嫁接育苗可有效预防土传病害，特别是枯萎病的为害。嫁接育苗技术已在浙江省大棚栽培及小拱棚或露地栽培中普遍应用，有效解决了甜瓜不能连作栽培的现实问题。

1. 品种选择

（1）接穗选择。甜瓜嫁接接穗宜选用品质佳、抗性好、适应性广、商品性好的当地主栽品种，如"甬甜5号""东方蜜1号""丰蜜29""银蜜58""玉菇""沃尔多""西薄洛托2号""西州密25号""翡翠绿宝""甬甜8号""丰脆1号"等品种（图3-28）。

（2）砧木选择。根据接穗类型和栽培季节不同，选

图3-28 接穗

用抗病性好、嫁接亲和力好、耐逆性强的适宜砧木品种。甜瓜嫁接用砧木主要有南瓜砧和甜瓜本砧。南瓜砧是目前甜瓜嫁接的主要类型，具备亲和性好、抗病性强、对品质无影响，提高产量等特性，但砧木选择不当对甜瓜果实品质有较大影响；甜瓜本砧一般为野生甜瓜，与甜瓜亲和力强，不影响甜瓜口感和果实风味，适应性广，但抗逆性弱于南瓜砧。目前用于甜瓜嫁接的砧木品种主要有"全能铁甲"（南瓜砧）、"新土佐"（南瓜砧）、"思壮12"（南瓜砧）、"圣砧1号"（南瓜砧）、"甬砧9号"（甜瓜本砧）、"世纪星"（甜瓜本砧）等（图3-29）。

图3-29 砧木

2. 确定播期

砧木和接穗播种期的确定取决于砧木、接穗的种类和嫁接方法。适宜甜瓜的嫁接方法有插接、贴接、劈接、靠接等，综合考虑嫁接效率、管理难度、嫁接成本等，目前以插接、贴接和靠接法应用最广泛。

（1）插接法／贴接法。要求先播种砧木，再播接穗。南瓜砧木应较接穗早播7~10天，砧木第1片真叶显现时为嫁接适期。砧木过于幼嫩的苗，下胚轴较细，嫁接时不易操作；砧木过大的苗，因胚轴髓腔扩大中空而影响成活，且易造成接穗在砧木下胚轴内产生不定根而导致窜根。接穗以两片子叶展平为佳。

（2）靠接法。要求先播种接穗，再播砧木。当两种瓜类幼苗茎粗相近时即可嫁接，砧木嫁接适期以第一片真叶显现为宜。一般南瓜砧木较接穗迟播8~10天。夏季嫁接育苗时由于温度高，幼苗生长较快，可缩短砧木和接穗的播种时间。

3. 嫁接苗的培育

嫁接成活率的关键是操作人员的技术水平，要认真、心细、手轻、切口整齐，砧穗形成层密切贴合，这样嫁接苗易成活。

（1）浸种催芽。选晴天晒种1~2天。先在55℃热水中烫种消毒

15分钟，不断搅拌，浸种完毕，清洗种子，再放于室温下清水浸泡12~24小时，其间搓洗2次。浸种后用湿毛巾包裹种子保湿，置于培养箱内，保持在28~30℃进行催芽，其间要加水保湿。待种子露白后挑种并分批进行播种。播种前1天浇透底水，种子平放，胚根朝下，一钵（或一孔）一粒，盖1.5厘米厚的基质，覆地膜。

将播种好的营养钵或穴盘放置在催芽室中，温度保持在25~30℃，不得超过30℃，湿度保持在60%~70%。顶土时及时揭除地膜，50%出苗后要降低苗床温度，防止下胚轴徒长。出苗后保持白天温度20~25℃，夜间不低于15℃。砧木出土后要及时脱帽。接穗嫁接前1天适当让其徒长。注意砧木长势及病害的发生，若出现缺肥及病害，应在嫁接前5天施肥及防病一次。嫁接前3~4天要浇透水。嫁接前1~2天，控水并适当通风，以提高砧木的适应性和下胚轴粗壮。

（2）砧木和接穗苗的培育。育苗基质宜采用专用的瓜类育苗基质，也可采用无菌的营养土。砧木一般采用穴盘或营养钵育苗，播种时一孔一籽。接穗一般采用平盘育苗，播种密度为株行距均为1厘米。播种后盖基质或营养土，并覆地膜或小拱棚保温。冬春季育苗需要电加温线辅助加温，播种后苗床应保持较高的温度，一般昼温24~26℃，夜温不低于12℃。当有幼苗破土时及时揭去地膜，揭膜要在下午或傍晚进行，早晨揭膜易使秧苗因失水而死亡。幼苗出土后要降低温度防止徒长，保持白天22~25℃，夜间16~18℃。控制浇水，尤其是嫁接前1~2天，水分过多易导致砧木下胚轴变脆，嫁接时下胚轴易劈裂，从而降低成苗率。

播种后到揭膜前应特别注意，如晴朗天气，小拱棚或地膜中气温可达50℃以上，稍微疏忽会灼伤幼苗或幼芽，因此要经常观察苗床温度，高于30℃时要及时通风或遮阳。

（3）嫁接方法的选择。甜瓜的嫁接方法有插接、贴接、劈接、靠接。插接法技术易掌握，工效高，成活率高，应用较为广泛，但成活过程管理要求严格。靠接法嫁接成活率高、成活过程管理简单，但嫁接方法较复杂，嫁接效率较低，在早春低温季节和夏秋高温季，采用靠接法成活率高。劈接法因接口处维管束发育不平衡，容易造成劈裂，影响嫁接苗发育，应用较少。嫁接用的工具，应在前一天准备好，主要有剔须刀片、竹签、嫁接夹等（图3-30）。

①插接法（图3-31）：首先将砧木的生长点用刀片去掉，用一端渐尖且与接穗下胚轴粗度相近的竹签，从除去生长点的砧木的切口上，靠一侧子叶朝着对侧下方斜插一个深约1厘米的孔，深度以不穿破下胚轴表皮，隐约可见竹签为宜。再取接穗苗，用

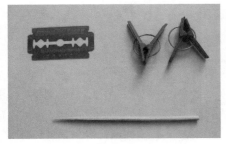

图3-30 嫁接工具

刀片在距生长点0.5厘米处，向下斜削，削成一个长约1厘米的楔形。然后拔出竹签，随即将削好的接穗插入砧木的孔中，使砧木子叶与接穗紧密贴合，同时使砧木子叶和接穗子叶呈"十"字形，接好后用嫁接夹固定。

| 去生长点 | 切1/3子叶 | 45°插砧木 | 切接穗 |

| 嫁接完成 | 砧木接穗对接 | 插接穗 | 接穗完成 |

图3-31 插接法流程

②贴接法（图3-32）：贴接法一般在砧木两片子叶展平刚长出真叶，接穗两片子叶展平开始嫁接，育苗早晚根据砧木长势而定。先用刀片从砧木子叶一侧呈75°斜切去掉生长点，以及另一片子叶，切口长7~10毫米；接穗在子叶下方5毫米处将胚轴向下削切成相应的斜面。砧木与接穗切面对齐，贴靠在一起，用嫁接夹固定紧即可。贴接法操作简单，接穗不受苗龄限制，只要切口整齐吻合即可，因此可使嫁接适期拉长，具有操作简单、效率高效、成活率高等优点。

去生长点　　　　切掉一片子叶　　　　砧木完成　　　　　切接穗

上嫁接夹　　　　　　砧木接穗固定　　　　　　接穗完成

图3-32　贴接法流程

③靠接法（图3-33）：用竹签将两种苗子从苗床中取出，先去除砧木苗的顶心，从子叶下方1厘米处，自上向下呈30°角下刀，割的深度为茎粗的一半，最多不超过2/3，割后轻轻握于左手，再取接穗苗从子叶下方2.5厘米处，自下而上呈30°下刀，向上斜割一半深，然后两种苗子对挂住切口，立即用嫁接夹夹上，随后栽入嫁接苗床。嫁接中应注意以下几点：幼苗取出后，要用清水冲掉根系上的泥土；嫁接速度要快，切口要嵌合紧密，夹住接穗茎的一面，刀口处一

去生长点　　　　切1/3子叶　　　　砧木接穗配对　　　从上到下切砧木

上嫁接夹　　　　砧木接穗对接　　　　接穗完成　　　从下到上切接穗

图3-33　靠接法流程

定不能沾上泥土；嫁接好的苗子要立即栽植到营养钵或育苗穴盘内，栽植时不能埋住嫁接夹，嫁接苗的两条根都要轻轻按入泥土中，用土填平。

（4）嫁接苗管理（图3-34）。整个嫁接过程均应无菌操作，应将砧木和接穗进行药剂杀菌处理。晴天嫁接时，需要进行遮阳，嫁接后应及时将苗放入保温、保湿、遮阳的小拱棚内，以免接穗萎蔫而影响成活率。嫁接后的管理，主要以保温、保湿为主。嫁接后，放入苗床内，用塑料薄膜

图3-34　嫁接后管理

严密覆盖3~5天，保持小拱棚内相对湿度达到95%以上。棚内温度要求昼温24~26℃，夜温18~20℃，白天温度较高时适当遮阳。3~5天后早晚适当通风，中午喷雾1~2次，保持较高的湿度；7~10天后接穗成活，真叶萌出，即可恢复正常管理，及时去除砧木萌芽。

①温度：为了促使伤口愈合，嫁接后应适当提高温度。因为嫁接愈合过程中需要消耗物质和能量，嫁接伤口呼吸代谢旺盛，提高温度有利于这一过程的顺利进行。但温度也不能太高，否则呼吸代谢过于旺盛，消耗物质过多过快，而嫁接苗小，嫁接伤害使嫁接苗同化作用弱，不能及时提供大量的能量和物质而影响成活。嫁接后3~5天内，白天保持24~26℃，不超过30℃；夜间保持18~20℃，不低于15℃，3~5天后开始通风降温。

早春栽培温度低，多采用电加温线和多层薄膜覆盖相结合的方法来保温。晴天时注意通风，积极做好苗期病害的预防工作。

②湿度：嫁接后使接穗的水分蒸发量控制在最小限度，是提高成活率的决定因素。嫁接前育苗基质要保持水分充足；嫁接当日要密闭棚膜，使空气湿度达到饱和状态，不必换气；4~6天逐渐换气降湿；7天后要让嫁接苗逐渐适应外界条件，早上和傍晚温度较高时逐渐增加通风换气时间和换气量，换气可抑制病害的发生；10天后注意避风

并恢复普通苗床管理。

③通风：嫁接后4天起开始通风，初始通风量要小，以后逐渐加大，一般9~10天后进行大通风。通风换气时，若发生接穗萎蔫，应密闭小拱棚停止通风，并适当喷雾保湿。

④遮阳：嫁接苗的最初1~3天，应完全密闭苗床棚膜，并上覆遮阳网或草帘遮光，避免因高温和强光直射引起接穗萎蔫。3~5天后，早上或傍晚撤去棚膜上的覆盖物，逐渐增加见光时间。7天后在中午前后强光时遮光。10天后恢复到普通苗床的管理。注意：如遮光时间过长，会造成嫁接苗的徒长，降低嫁接苗质量。阴天可以不遮阳。

⑤及时断根除萌芽：靠接苗10~11天后可以给接穗苗断根，用刀片割断接穗苗接口以下的茎和根，并随即拔除。嫁接时砧木的生长点虽已被切除，但在嫁接苗成活生长期间，在子叶节接口处会萌发出一些生长迅速的不定芽，与接穗争夺营养，影响嫁接苗的成活，因此，要随时切除这些不定芽，保证接穗的健康生长。切除时，切忌损伤子叶及摆动接穗（图3-35）。

⑥病虫害防治：高温高湿条件下，嫁接苗易发生立枯

图3-35　甜瓜嫁接苗

病或蚜虫等，要注意防治病虫，可以在喷雾加湿时用75%百菌清可湿性粉剂800倍液，或50%多菌灵可湿性粉剂1 000倍液防治。

三、整枝与授粉

（一）整枝

整枝即采用摘心、打杈等技术措施塑造高光效能植株，达到枝蔓

和叶片分布合理、株间通风透光良好、营养生长和生殖生长转换适时的目的，以获得优质、高产、高效。甜瓜茎叶生长迅速，应及时整枝，一般每隔5天进行一次，把握前紧后松的原则。整枝应在晴天进行，同时配合用药防病，以利伤口愈合，减少病菌感染。整枝时，为减少病害交互侵染，可用食指抵住子蔓，拇指按住孙蔓，往下轻轻一压，即可摘除，切忌用指甲摘掐，也尽量少用剪刀。厚皮甜瓜：立架栽培多采用单蔓主蔓整枝；爬地栽培多采用双蔓整枝。薄皮甜瓜：以爬地栽培为主，爬地栽培多采用双蔓、三蔓或四蔓整枝；立架栽培多采用单蔓或双蔓整枝。

1. 单蔓整枝

单蔓主蔓整枝：苗期不摘心，只保留主蔓，其余子蔓及时摘除（图3-36）。

单蔓子蔓整枝：苗期摘心，留1条健壮子蔓，其余孙蔓及时摘除。

2. 多蔓整枝

双蔓整枝：幼苗3~4片叶时摘心，选留两条健壮子蔓，其余子蔓及时摘除（图3-37）。三蔓整枝：幼苗4~5片叶时摘心，选留3条健壮子蔓，其余子蔓及时摘除。四蔓整枝：幼苗5~6片叶时摘心，选留4条健壮子蔓，其余子蔓及时摘除（图3-38）。

图3-36　单蔓整枝

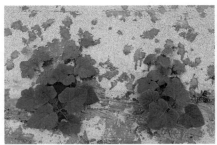

图3-37　双蔓整枝

图3-38　四蔓整枝

3. 疏果

甜瓜坐果节位一般选择 10~13 节位子蔓或孙蔓结果，抹去 10 节以下、13 节以上的侧蔓。若是多批采收，第 2 批瓜坐果节位一般选择 19~21 节位子蔓或孙蔓结果。甜瓜坐果期存在坐果数量较多、产生畸形果的问题，为了协调源库关系、促进光合产物向果实转移、减少养分浪费，果实鸡蛋大小时需及时进行疏果。厚皮甜瓜一般每蔓留 1~2 果，瓜后留 2 片叶摘心；薄皮甜瓜一般每蔓留 3~4 果，瓜后留两片叶摘心。品种间留果数量有差异，可根据品种进行调节。薄皮甜瓜果实膨大期可在植株顶部选留 1~2 条侧蔓作为营养枝，维持根系活力，以防止植株早衰和营养不良。

（二）授粉

1. 人工授粉

人工授粉（图 3-39）一般在上午 8:00—11:00 进行，授粉时棚内温度应控制在 20℃以上，取当天新开的雄花，摘除花冠，将雄蕊在雌花柱头上轻轻涂抹，一朵雄花可涂 1~2 朵雌花，并记下授粉日期。

图3-39 人工授粉

2. 喷施氯吡脲

氯吡脲为植物生长调节剂（属苯脲型植物细胞分裂素），是一种常用的、安全的瓜类蔬菜坐果剂。在雌花开放当天或开花前一天，将 0.1% 氯吡脲可溶液剂稀释后喷施在授粉雌花的子房上，使用浓度为 50~250 倍液（即 20~40 毫升 / 千克）。氯吡脲的使用浓度与环境、温度有关，可以根据实际情况按照说明书来灵活调整，一般随着环境温度的升高降低使用浓度（图 3-40）。

图3-40 喷施氯吡脲

3. 蜜蜂授粉

蜜蜂授粉是一项经济效益显著、节工省本、绿色健康的新技术，具有节省人工授粉劳动力成本、降低果实畸形率、避免使用植物生长调节剂、提高甜瓜产量、改善果实品质、利于企业建设精品瓜菜品牌的作用（图3-41、图3-42）。

图3-41　蜜蜂授粉

选择意蜂　　放置蜂箱　　打开巢门　　打开箱盖　　蜜蜂饲喂

授粉效果　　蜜蜂授粉　　禁用农药　　温湿度调控

图3-42　甜瓜蜜蜂授粉流程

（1）优选蜜蜂品种。目前农作物授粉应用较为广泛的蜜蜂有中华蜜蜂（简称中蜂）、意大利蜜蜂（简称意蜂）和熊蜂，设施甜瓜蜜蜂授粉一般选用中华蜜蜂或意蜂。中蜂耐低温性较好，节约饲料，善于利用零星蜜粉源，基本不需人工饲喂，但容易分蜂，适合设施作物长季节栽培蜜蜂授粉；意蜂耐高温性好、易管理，饲料消耗大，但其性情温顺，分蜂性弱，适合设施作物短期蜜蜂授粉。一般甜瓜多采用早春或秋季栽培，授粉期集中、时间短、棚内温度高，宜选用耐高温性好的平湖意蜂。

（2）温度调控。温度是影响蜜蜂授粉效果的重要环境因素。棚内环境特殊，要营造适宜的温湿度条件，温度尽量控制在18~39℃。高温天气时，加大棚内通风降温，打开棚门、侧帘或棚外覆盖遮阳网，保持蜂群良好的通风透气状态；用遮阳网、麦秆、稻草等覆盖蜂箱，并在中午时洒水降温，防止高温对蜂群产生危害。蜂群对空气相对湿度不敏感，适宜空气相对湿度范围是30%~70%，保持合理空气相对湿度，不过干过湿为好。

（3）保持合适蜂群数量。蜜蜂授粉的效果主要取决于工蜂的出勤率和工蜂数量。蜂群放置数量太少，达不到授粉的目的；蜂群放置数量太多，造成蜂群浪费，提高了成本，还增加了疏果的工作量。根据设施面积选择合适蜂群数量，一般每亩设施放置一箱蜜蜂，确保蜂箱内有1只蜂王和3张脾蜂（约6000只蜂），内置1张封盖子脾、1张幼虫脾、1张蜜粉脾，以确保蜂群不断繁衍，保持蜂群数量在合理范围内。

（4）适时放蜂。一般甜瓜早春栽培花期在4月初至5月初，秋季栽培花期在8月中旬至9月中旬。蜜蜂生长在野外，习惯于较大空间自由飞翔，成年的老蜂会拼命往外飞，因此授粉前期蜜蜂撞死会较多，但在2~3天后幼蜂会逐渐适应棚内环境，而且蜜蜂也需要时间适应棚内不断升高的温度，因此需要适时放蜂。放蜂最佳时间是甜瓜结果枝雌花开放前3~5天，蜂群入场选择天黑后或黎明前，给予蜂群一定时间适应棚内环境。

（5）合理放置蜂箱。蜂箱既可放置于棚内，也可放置于棚外。置于棚内时，因为蜂蜜习惯往南飞，蜂箱放置于大棚偏北1/3的位置，巢门向南，与棚走向一致，放置于平坦地面，保持平稳。若连续阴雨，土壤湿度过大时将蜂箱垫高10厘米，避免蜂箱受潮进水。置于棚外时，将蜂箱置于地块中央，尽量减少蜜蜂飞行半径；若种植面积较大，蜂群可分组摆放于地块四周及中央，使各组飞行半径相重合；授粉期间须打开前后棚门、侧帘供蜜蜂出入，但不利于棚内保温，不适合需要保温的早春栽培授粉。

（6）合理饲喂。平湖意蜂需要饲料量大，在蜜粉源条件不良时，易出现食物短缺现象。设施内作物面积小、花量少，棚内的甜瓜花粉和花蜜量无法满足蜂群生长和繁殖，需用1∶1的白糖浆隔天饲喂一次。蜜蜂放进设施后必须喂水。在蜂箱巢门旁放置装一半清洁水的浅碟，每2天补充1次，高温时每天补充1次，另外放置少量食盐于巢门旁，每10天更换一次。

（7）严格控制农药。蜜蜂对农药是非常敏感的，不能喷施杀虫剂类药剂，杀虫药剂都能杀死蜜蜂，禁用吡虫啉、氟虫腈、氧化乐果、菊酯类等农药。放入蜂群前，对棚内甜瓜进行一次详细的病虫害检查，必要时采取适当的防治措施，随后保持良好的通风，待有害气体散尽后蜂群方可入场。如甜瓜生长后期需用药，应选择高效、低毒、低残留的药物，喷药前1天的傍晚（蜜蜂归巢后）将蜂群撤离大棚，2~3天药味散尽后，再将蜂箱搬入棚内。

四、土肥水管理

（一）土壤管理

大棚甜瓜连作生产后，由于病菌、害虫加重以及前茬作物残体及根系分泌物的自毒作用，单一茬口吸收趋同造成土壤营养元素平衡破坏等原因，大棚甜瓜往往出现产量降低，品质变劣等现象，即所谓的连作障碍。土壤消毒可以减缓连作障碍影响。同时，对防治地下害虫、根结线虫和杂草及青枯病、立枯病、根肿病等土传病害也有一定的作用。

1. 物理消毒

（1）水旱轮作（图3-43）。在解决甜瓜连作障碍方面，水旱轮作是目前应用比较广泛且效果明显的一种方法，该技术已经被广大生产者接受并广泛应用。轮作可以有效地解决土传病害问题，根系分泌物及自毒问题以及作物

图3-43　水旱轮作

残体所致的非土传病害问题。目前甜瓜接晚稻栽培模式应用比较多的地区有杭嘉湖、宁绍平原等地区。

（2）夏季高温闷棚（图3-44）。在前茬采收后，清洁田园，多施充分腐熟的有机肥料，然后把地深翻平整好后灌水处理；在6月中下旬至7月中下旬，利用太阳能，气温达35℃以上时，用薄膜覆盖密闭好大棚，大棚内土壤温度可升至50~60℃，甚至更高，这样高温处理约半个月，就可大量杀灭土壤中的病原菌和虫卵，减轻下茬土传病虫害的发生。

图3-44 夏季高温闷棚

（3）冬季深翻冻土（图3-45）。秋茬作物收毕，清洁田园，然后把地深翻平整好后灌水处理，并打开大棚四周棚膜，利用冬季0℃以下低温来杀死病原菌和虫卵。

2. 化学消毒

化学消毒是一种高效快速杀灭土壤中真菌、细菌、线虫、杂草、土传病毒、地下害虫、啮齿动物的技术，能很好地解决高附加值作物的重茬问题，并显著提高作物的产量和品质。通过向土壤中施用化学农药，

图3-45 冬季深翻冻土

以杀灭其中病菌、线虫及其他有害生物，一般在作物播种前进行。在使用化学药剂进行土壤消毒时，注意交替使用杀菌剂，避免破坏土壤pH值，使土壤pH值保持在合理的范围。

（1）石灰氮。石灰氮又叫氰氨化钙、黑肥宝。含氮量20%左右，因含有石灰成分，故叫石灰氮，其分子式是$CaCN_2$，是一种黑灰色带有电石臭味的油性颗粒，是药、肥两用的土壤净化剂，具有土壤消毒与培肥地力的双重作用，适合于酸性土壤。石灰氮遇水产生氰氨、双氰氨，能杀灭有害病原菌及线虫等有害生物。石灰氮含氮素17%~20%、含钙50%，由于不易淋溶，可以防止土壤酸化，改良土壤结构，改良次生盐渍化土壤，增加土壤钙素和有机质，能使有效氮均匀缓慢释放，其有效成分全部分解为作物可吸收的氮，没有残留，满足大多数作物的需求，肥料的有效期达80天以上。主要有粉剂和颗粒剂两种，针对粉剂施用时粉末飞扬，污染环境的弊端，近年来研制生产了施用方便、安全可靠的颗粒石灰氮，目前颗粒石灰氮只有国外包装，成本相对更高，但效果更明显（图3-46）。

撒施石灰氮　　　　深翻　　　　　　做畦　　　　　　覆盖旧膜

整地定植　　　　　　闷棚　　　　　　　　灌水

图3-46　石灰氮施用流程

使用方法：石灰氮发挥作用一般应具备高温、密闭和水这三个条件。因此，石灰氮最好是在高温的夏季清园后施用，施用后翻耕土壤、盖膜、灌水，即所谓的石灰氮—太阳能消毒法。在农家肥等有机肥施用后，每亩撒施石灰氮20~30千克，随后深耕土壤，灌水保持土壤含水量70%以上，用薄膜覆盖畦面，密闭大棚增温。一般15天后消毒完成，然后揭膜通风透气，翻耕土壤整地，晾晒7天以上方可播种或定植作物。此外，这种方法还具有补充氮和钙肥、促进有机物腐熟、改善土壤结构、降低蔬菜产品中的硝酸盐含量等作用。由于石灰氮毒性较大，施肥时务必戴好口罩、穿长袖衣物做好防范工作。

（2）生石灰。将主要成分为碳酸钙的天然岩石，在适当温度下煅烧，排除分解出的二氧化碳后，所得的以氧化钙（CaO）为主要成分的产品即为生石灰。生石灰为白色固体耐火难溶，易溶于水（同时产生大量的热量），特别适合于酸性土壤。运输和存放过程中，注意防潮，避免与酸类物质接触。生石灰既可杀虫灭菌，又能中和土壤的酸性，防止土壤酸化。通过基质改良土壤和土壤消毒技术能够极大缓解连作障碍，同一地块可连续三年种植瓜类作物，能够降低换地投入，降低一定的生产成本，效果显著。

使用方法：先将石灰深翻入土，生石灰用量为每亩50~100千克，翻地前施入，间隔3~4天后再将粪肥施入大棚，然后用地膜覆盖，保持15~20天即可。这样可以减少石灰与粪肥的接触，防止降低杀菌效果及肥效。

（3）高锰酸钾。高锰酸钾是一种强氧化剂，紫黑色针状结晶，其分子式为 $KMnO_4$。高锰酸钾通过氧化菌体的活性基团，呈现杀菌作用，能有效杀灭各种细菌繁殖体、真菌、病毒等菌体。

使用方法：高锰酸钾用量为每亩1~2千克，翻地前施入。在几种土壤消毒方式中，高锰酸钾效果最好，用量少、效果好。长期使用，易使土壤 pH 值下降，酸性增加，可与生石灰交替使用。高锰酸钾有毒，且有一定的腐蚀性，施药时务必穿长袖衣服和工作服，戴上口罩和塑胶手套，做好防护工作。

（4）漂白粉。漂白粉是氢氧化钙、氯化钙，次氯酸钙的混合物，其主要成分是次氯酸钙 $[Ca(ClO)_2]$，有效氯含量为30%~38%。漂白粉为白色或灰白色粉末或颗粒，漂白粉溶解于水，遇空气中的二氧化碳可游离出次氯酸，利用次氯酸对土壤进行消毒。

使用方法：每亩地用漂白粉6~10千克，采用以水带药灌溉法进行大田土壤灭菌，结合对土壤翻耕可以消灭病原菌，并作闷棚3~5天处理。

3. 生物菌肥

（1）生物防治添加微生物菌剂。将培养好的拮抗微生物以一定方式施入土壤中或通过在土壤中加入有机物提高拮抗微生物的活性，可以降低土壤中病原菌的密度，抑制病原菌的活动，减轻病害的发生。通过接种有益微生物来分解连作土壤中存在的有害物质，或通过与特定的病原菌竞争营养和空间来减少病原菌的数量和对根系的感染，从而减少根部病害发生，其中包括接种一些有益菌群以便在根际形成生物屏障；接种致病菌弱毒菌株以促进幼苗产生免疫机能，也可用于解决蔬菜作物连作障碍问题；使用含有有益微生物种群的生物有机肥抑制土壤致病菌的发展也是生物防治的途径之一。

土壤中对农作物有利的有益菌有很多种，如枯草芽孢杆菌、巨大芽孢杆菌、胶冻样芽孢杆菌、地衣芽孢杆菌、苏云金芽孢杆菌、侧孢芽孢杆菌、胶质芽孢杆菌、泾阳链霉菌、菌根真菌、棕色固氮菌、光合菌群、凝结芽孢杆菌、米曲霉、淡紫拟青霉等。

使用方法：可以将 EM 菌（有益微生物菌群）原液按 200~300 的比例用水直接稀释，用于浸种、拌种、泡根、叶面喷施和喷洒还田秸秆后翻耕等。也可以就地取原料，如杂草、人畜粪便、作物秸秆（切碎）、茎叶、谷糠、锯木屑均可，再加入 EM 菌，然后与原料混合拌匀，堆垛压实，用塑料薄膜密封，厌氧发酵。当发出酒曲香味或出现白色菌丝时表明发酵成功。发酵堆肥可保存 1~3 个月。

（2）添加土壤调理剂。随着土壤酸化、次生盐渍化等各种问题的发生，尤其是在经济效益高的大棚蔬菜和果树区，种植户被土壤问题困扰更严重，近几年土壤调理剂在这些区域也开始升温，土壤调理剂主要有疏松土壤、改善土壤团粒结构，保水保肥，缓解土壤酸化、盐碱化等方面的作用。调理剂主要以动物毛发为原料螯合有机类的如腐植酸、黄腐酸等。

使用方法：腐植酸类肥料作基肥每亩用 0.02%~0.05% 的腐植酸液 300~400 千克，连同底肥施入；作追肥每亩用 0.01%~0.02% 的腐植酸液 250 千克滴管施入。

4. 增施有机肥

增施有机肥对解决几乎所有蔬菜作物的连作障碍均有效，所以目前在生产上被普遍采用。总体而言，其机理主要是通过综合调节土壤环境来缓解连作障碍，增施有机肥可以解决连作瓜类自毒作用，主要机理是有机肥改善了土壤微生态环境，提高了土壤中微生物的数量并增强其活力，土壤活性增强，促进了根系生长，提高了根系活性，瓜类根系对 N、P、K 等养分的吸收能力增强，减轻了苯丙烯酸等自毒物质对瓜类的自毒作用。

使用方法：每亩用腐熟的有机肥 1 000~1 500 千克，撒施在畦面上，用拖拉机深翻后起垄。

（二）水肥一体化

1. 甜瓜需水特性

甜瓜的需水特点是既需水又怕水，其叶片蒸腾作用旺盛，需水量较大，但根系又不耐湿涝，水分过多易烂根。甜瓜不同生育期对土壤水分的要求是不同的，其对水分的吸收规律是发芽期高，幼苗期需水量小，伸蔓期和开花坐果期逐步增加，坐果后进入果实膨大期，需水量快速增加，此期需水量达到最高，到转色成熟期需水量急剧回落。在整个生育期内，果实膨大期为需水高峰期，也称为需水敏感期。幼苗期适宜土壤湿度为 65%~70%，伸蔓期适宜土壤湿度为 70%~80%，开花坐果期土壤湿度维持在 50%~60%；果实膨大期适宜土壤湿度为 80%~85%；结果后期适宜土壤湿度为 55%~60%。

甜瓜幼苗期和伸蔓期土壤水分适宜，有利于根系和茎叶生长。甜瓜伸蔓期至坐果期，清晨甜瓜叶片边缘出现悬挂水珠的现象，这种生理现象俗称为"吐水"，是正常现象（图 3-47），表明植株不缺少水分，植株根系、叶片活力旺盛。在雌花开放前后，土壤水分不足可使子房发育不良，但水分过大时，亦会导致植株徒长，易化瓜。果实膨大期是甜瓜一生中需水量最大的时期，充足的水分供应能够促进细胞的分裂和膨大，特别是花后 7~30 天是关键时期，缺水对甜瓜果实品

图3-47 吐水现象

质的影响非常明显。果实膨大前期水分不足，会影响果实膨大，导致产量降低，易出现畸形瓜；果实膨大后期水分过多，则会使果实含糖量降低，品质下降，易出现裂果等现象。

2. **甜瓜需肥特性**

甜瓜需钾肥最多，氮肥次之，磷肥最少，氮、磷、钾比例约为2:1:3。甜瓜苗期、伸蔓期需氮肥较多，开花结果期植株由营养生长逐步转向生殖生长，需磷肥逐渐增多，果实膨大期需钾肥较多。氮、钾的吸收高峰在坐果后16~17天（网纹甜瓜在网纹开始发生期），坐果后26~27天（网纹甜瓜在网纹发生终止期）吸收量就急剧下降。磷、钙的吸收高峰期在坐果后26~27天，并延续至果实成熟。不同的甜瓜品种和类型，对各种矿质元素的吸收高峰期出现的迟早有一定差别，但对各元素的吸收规律基本是一致的。在伸蔓期，宜追施含氮量高的大量元素水溶肥；在果实膨大期，宜追施含钾量高的大量元素水溶肥（图3-48）。

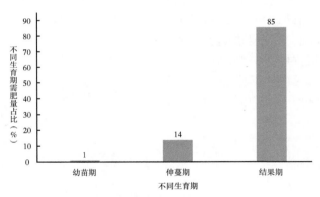

图3-48 不同生育期需肥量占总需肥量比例

从开花到果实膨大末期的1个月左右时间内，是甜瓜吸收矿质元素最多的时期，是肥料敏感期，也是肥料的最大效率期。生产上应根据甜瓜的这一需肥特点进行合理施肥，注意大量元素与中微量的元素的平衡。在合理施肥的基础上，要注意维持地上部分与地下部分的平衡，保持源库协调。甜瓜为忌氯作物，不宜施用氯化铵、氯化钾等肥料，也不能施用含氯农药，以免对植株造成不必要的伤害。

3. 水肥一体化技术

水肥一体化技术是将灌溉与施肥融为一体的农业新技术。其借助压力系统，按土壤养分含量和作物种类的需求规律和特点，把水分、养分定时、定量按比例直接提供给作物。水肥一体化技术在发达国家农业中已得到广泛应用，目前我国甜瓜生产中以传统灌溉为主，水肥一体化技术为辅，但水肥一体化应用面积在迅速扩大，将逐步发展为主流灌溉模式。简易水肥一体化技术具有投资少、适应性广、设备维护简单、对肥料要求较低的优点，在生产中应用较为普遍。

（1）施肥方案。甜瓜生育期短，但生物产量高，需肥量大。每形成 1 000 千克产品需吸收氮（N）2.5~3.5 千克、磷（P_2O_5）1.3~1.7 千克、钾（K_2O）4.4~6.8 千克、钙（CaO）5.0 千克、镁（MgO）1.1 千克、硅（Si）1.5 千克、硼（B）0.05 千克、锌（Zn）0.2 千克。但不同元素的利用率存在差异，一般认为氮素肥料的利用率为 30%~40%，磷素肥料的利用率为 10%~25%，钾素肥料的利用率为 30%~50%。笔者根据甜瓜需肥规律及土壤肥力，总结出甜瓜水肥一体化肥料管理方案（表3-1）。

表3-1　甜瓜水肥一体化肥料管理方案（单位：千克／亩）

施肥时期	土壤肥力	低		中		高	
基肥	商品有机肥或农家肥二选一	450~500/3 000~3 500		400~450/2 500~3 000		350~400/2 000~2 500	
	尿素	8~10		5~7		2~4	
	过磷酸钙	40~42		35~37		30~32	
	硫酸钾	10~12		7~9		4~6	
追肥		尿素	硫酸钾	尿素	硫酸钾	尿素	硫酸钾
伸蔓期		5~6	5~6	4~5	3~4	3~4	2~3
膨果初期		7~9	10~12	5~7	7~8	3~5	4~6
膨果中期		4~5	9~11	3~4	6~8	2~3	3~5

注：使用其他肥料按照肥料氮磷钾养分含量换算

（2）系统组成。

①水源工程：江河、湖泊、水库、井泉水、坑塘、沟渠等均可作为喷滴灌水源，只要水质符合喷滴灌要求，均可作为灌溉水源。

②首部枢纽（图3-49）：包括水泵、动力机、压力需水容器、过滤器、肥液注入装置、测量控制仪表、远程控制系统和压力保护装置等。首部枢纽是整个系统操作控制中心，担负着整个系统的驱动、检控和调控任务。

图3-49　智能化喷滴灌首部

③输配水管网系统：由干管、支管（图3-50）、毛管（图3-51）组成。干管一般采用PVC管材，支管一般采用PE管材或PVC管材，管径根据流量分级配置，毛管目前多选用内镶式滴灌带或边缝迷宫式滴灌带。首部及大口径阀门多采用铁件。干管或分干管的首端进水口设闸阀，支管和辅管进水口处设球阀。

图3-50　支管管道

图3-51　简易滴灌带

④喷滴水器：是喷滴灌系统的核心部件，水由毛管流入喷头和滴头，喷头和滴头再将灌溉水流在一定的工作压力下注入土壤。水通过喷滴水器，以一个恒定的低流量滴出或渗出以后，在土壤中向四周扩散。

（3）铺管覆膜。支管带选用直径4厘米或5厘米的聚乙烯塑料（PE）管，毛管多选用直径16毫米、厚度0.4毫米规格滴灌带。支管横贯于棚头或中间位置，滴灌带纵贯大棚铺设于种植行。支管带与滴灌带之间通过旁通阀连接，单侧滴灌带长度控制在50~55米。种植前按照规划和甜瓜种植规格，将滴头与甜瓜根部对应，滴灌带上方铺膜，然后将膜两边压实，膜宽可根据种植规格以及露地或设施选择。

（4）安装滴灌施肥系统。不同的微灌施肥系统应当根据地形、水源、作物种类、种植面积进行选择。甜瓜保护地栽培一般选择文丘里施肥器（图3-52）、压差式施肥罐或注肥泵，有条件的地方可以选择自动灌溉施肥系统。动力装置一般由水泵和动

图3-52　文丘里施肥器

力机械组成，根据扬程、流量等田间实际情况选择适宜的水泵。给水动力泵可选用750W单相微型自吸泵（流量为5.5T/H）或3 000W的三相轴流泵（流量为12.5T/H）。1台750W水泵的输水量及输水压可同时供2~3个［45米×（6~8）米］大棚滴灌，1台3 000W水泵可同时供8~12个大棚滴灌。肥料可以定量投放在田头蓄水池，溶解后随水直接入田，也可在施肥罐内制成母液，通过文丘里施肥器连接到供水系统随水入田。

（5）肥料选择。要求肥料杂质较少、纯度较高，溶于水后不会产生沉淀，不能有沉淀和分层。宜选择溶解度高、溶解速度快、腐蚀性小、与灌溉水源相互作用小的肥料。不同肥料搭配施用，应充分考虑肥料品种之间相容性，避免相互作用产生沉淀或拮抗作用。优先选择

灌溉施肥专用水溶性肥料，水溶性肥料需符合 HG/T 4365-2012 化工行业标准。包括水溶性复合肥、水溶性微量元素肥、含氨基酸类水溶性肥料、含腐植酸类水溶性肥料等。简易粗放型水肥一体化设施可使用常规肥料，但需充分预溶解过滤后施用。在甜瓜栽培中，铵态氮肥比硝态氮肥肥效差，且铵态氮会影响含糖量，因此生产中应尽量选用硝态氮肥。

液体肥料养分含量高，溶解性好，施用方便，是滴灌系统的首选肥料。常用的可溶性肥料有尿素、硝酸钾、硫酸铵、碳酸氢铵、硝酸铵、硫酸钾、硝酸钙、硫酸镁等可溶性肥料。液态肥可以不搅拌，固态的肥料需要搅拌成液肥，灌溉前要将水肥溶解液中的有机沉淀物过滤出去，以免引起灌溉系统的堵塞。补充磷素一般采用磷酸二氢钾等可溶性肥料作追肥。追肥补充微量元素肥，一般不能与磷素追肥同时使用，以免形成不溶性磷酸盐沉淀，堵塞滴头或喷头。注意水肥混合溶液中可溶性盐浓度（EC 值）控制在 0.5~1.5 毫西门子 / 厘米，不超过 3.0 毫西门子 / 厘米。甜瓜施肥忌氯，因此不能使用含氯可溶性肥料，还要注意防止氨气产生的气害。

（6）水肥运筹。根据甜瓜长势、需水、需肥规律，天气情况、温度，实时土壤水分、肥力状况，以及甜瓜不同生育阶段、不同生长季节的需水和需肥特点，按照平衡施肥的原则，调节滴灌、追肥水量和次数，使甜瓜不同生育阶段获得最佳需水、需肥量。苗期不旱不浇；开花坐果前如遇天旱可浇水 1 次，开花期不浇水；果实进入膨果期后，依土壤墒情浇水 2~3 次，促果实膨大，果实成熟前 10 天停止灌水。遵循定植时透灌、开花前不灌、开花时轻灌、结果期重灌的方针。

整地覆膜前浇透底水，一般每亩滴灌量应在 20~22 立方米；苗期在定植后浇一次透水，一般每亩滴灌量应在 2~3 立方米，肥料以氮肥为主，适当配施磷、钾肥，使土壤充分湿润，促进新根发生，提高成活率；伸蔓期滴灌 1 次，用水量为 3~4 立方米 / 亩，在施足基肥的条件下，此期可不追肥；坐果期在果实鸡蛋大小时，滴灌 1 次，用水量为 7~8 立方米 / 亩，结合滴水，每亩随水冲施高钾型可溶性水溶肥 10 千克。果实膨大中期，滴灌 1 次，用水量为 3~4 立方米 / 亩，结合滴水，随水冲施高钾型可溶性水溶肥 8 千克 / 亩。采收前 10 天，为防止裂瓜、烂瓜及提高甜瓜甜度，停止灌水（表 3-2）。

表3-2 甜瓜水肥一体化施肥方案

生育时期	滴灌次数	灌水定额（立方米/亩）	灌水方式	施肥类型	肥料用量
定植前	1	20～22	沟灌	基肥	腐熟有机肥2 000千克或商品有机肥400千克，硫酸钾型三元复合肥（15∶15∶15）40千克，过磷酸钙30千克，硼砂1千克
苗期	1	2～3	滴灌	定根水	0.2%硫酸钾型三元复合肥（15∶15∶15）溶液
伸蔓期	1	3～4	滴灌	伸蔓肥	施高氮三元复合肥（32∶6∶12）5千克（基肥足可不追施）
果实膨大初期	1	7～8	滴灌	膨果肥	施高钾型水溶性肥料（15∶6∶35）10千克，喷施0.2%磷酸二氢钾溶液1次
果实膨大中期	1	3～4	滴灌	增甜肥	施高钾型水溶性肥料（15∶6∶35）8千克，喷施0.2%磷酸二氢钾溶液1次
合计	5	35～41	—	—	

（7）施肥操作。微灌施肥的程序有一定的先后顺序。先启动泵机，用清水湿润系统和土壤，再灌溉肥料溶液，最后还要用不含肥的清水清洗灌溉系统，以免肥料在系统管网中残留引起的肥料堆积和微生物滋生，进而造成灌溉系统堵塞，无法正常运转。施肥时要掌握剂量，控制施肥量，以灌溉流量的0.1%左右作为注入肥液的浓度为宜，比例需要严格掌控，过量施用可能会使作物致死以及环境污染。正确的施用浓度，如灌溉流量为50立方米/亩，注入肥液应为50升/亩。固态肥料需要与水充分混合搅拌成液态肥，确保肥料溶解与混匀，而施用液态肥料时也要搅动或混匀，避免出现沉淀堵塞出水口等问题。

（8）水肥管理注意事项。水源一定要过滤，常用100目尼龙网或不锈钢网，或用120目叠片式、网式过滤器。这是滴灌系统正常运行的关键。过滤器要定期清洗，滴灌管尾端定期打开冲洗，一般一月一次。

施肥前，先打开要施肥区的开关进行滴灌。然后在肥料池溶解肥料，滴灌10分钟后开始施肥。每个区的施肥时间在20～50分钟，通过开关调节施肥速度和施肥时间。施肥后，不能立即关闭滴灌，应保证足够时间冲洗管道，这是防止系统堵塞的重要措施。冲洗时间与灌溉区的大小有关，滴灌一般为10～20分钟，将管道中的肥液完全排出。否则，滴头处藻类、青苔、微生物等大量繁殖，堵塞滴头。

（9）检查维护。经常去田间检查是否有漏水、断管、裂管等现象，及时维护系统。

五、高效栽培模式与技术

（一）高效栽培模式

1. 大棚草莓—甜瓜高效栽培模式

（1）品种选择。草莓品种应选择大果型、色泽鲜艳、外形美观、口感酸甜适度并具有芳香味、耐贮运、产量高的品种，如"红颊""章姬""凤冠""梦晶"等（图3-53）。

甜瓜选择耐高温、抗病性强、品质好的品种，如"甬甜5号""甬甜7号""丰蜜29""翡翠绿宝""西州密25号"等。

图3-53　大棚草莓—甜瓜高效栽培模式

（2）栽培茬口。该栽培模式采用大棚设施栽培，也可采用中小棚。草莓一般于9月上中旬定植，12月上旬开始采收，翌年4月底至5月上旬采收结束。甜瓜于3月中下旬至4月上旬播种，4月中下旬至5月上旬根据草莓销售情况及甜瓜秧苗大小适时进行定植，6月中下旬至7月上旬采收第一批瓜，连续采收2~3批，于8月底前拉蔓整地种植下一茬草莓（表3-3）。

表3-3　大棚草莓—甜瓜一年二茬栽培模式

时间 茬口	9	10	11	12	1	2	3	4	5	6	7	8
草莓	×			■■■■■■■■■■■■■■								
甜瓜							●――×		■■■■■			

备注：●表示播种时间；×表示定植时间；■■■表示采收时间

（3）整地做畦。以8米宽大棚为例进行介绍。畦宽1.2米，沟宽25厘米，每棚做5畦地，每畦地种植两行草莓，在草莓快要采收结束时，不进行整地，直接将甜瓜定植在畦面中间位置。采用立架栽培方式，甜瓜定植5行，株距40厘米。若采用爬地栽培，则甜瓜定植3行，分别是第1、3、5畦地，第1、5畦地单行定植，第3畦地双行定植，株距50厘米。

也可将8米宽大棚整地为8畦地，畦宽50厘米，沟宽25厘米，每畦种植两行草莓，在草莓快要采收结束时，拔除第2、4、6畦地草莓，不整地直接将甜瓜定植在第2、4、6畦地，双行定植，分别往两边生长，株距50厘米。若是采用立架栽培，可在草莓采收结束后，将甜瓜定植在第1、3、5、7畦地，株距40厘米。

（4）田间管理。甜瓜在进行整枝管理时，使坐果节位保持在草莓畦面上，因为沟内易积水，易发病，影响甜瓜外观和品质。在实际操作时，草莓全部拔除后，最好用薄膜将畦和沟全覆盖，旧膜、新膜均可，但新膜相对成本较高，可以减少病害发生，提高果实品质。由于没有进行整地，直接种植甜瓜，土壤中肥力不足，与传统栽培方法相比，要增加2~3次追肥，加大追肥量，以保证甜瓜正常的肥料供应。

（5）经济效益。大棚草莓—甜瓜栽培模式，采用不整地，直接种植甜瓜的方法，可以节省整地人工费用。草莓和甜瓜均是高附加值经济作物，一般大棚草莓每亩产量1 500千克左右，产值约1.7万元，高的甚至超过4万元。爬地栽培甜瓜一般每亩产量1 500千克，产值9 000元左右；立架栽培甜瓜一般每亩产量可达2 000千克，产值10 000元以上。

2.早春甜瓜—秋甜瓜—冬马铃薯一年三茬高效栽培模式

（1）品种选择。早春甜瓜应选择耐低温性好、早熟、上糖快、易坐果、产量高、抗逆性强的甜瓜品种，如"银蜜58""蜜天下""玉菇""西薄洛托2号""沃尔多""黄子金玉""东方蜜1号"等。

秋甜瓜应选择耐热性好、抗蔓枯病、高温下易坐果、优质的甜瓜品种，如"甬甜7号""丰蜜29""翡翠绿宝"。

冬马铃薯品种应选择早熟、优质、抗病性强的胡陈黄皮白肉本地小种马铃薯，以满足浙东地区群众喜欢本地优良马铃薯的传统，不仅销售价格高而且品质好（图3-54）。

图3-54 早春甜瓜—秋甜瓜—冬马铃薯一年三茬高效栽培模式

（2）栽培茬口。浙江地区特早熟甜瓜于11月下旬至12月上旬播种，12月下旬至1月上旬定植，3月上中旬开花结果，4月初至5月下旬分2~3批采收上市；秋季甜瓜于7月中下旬播种，7月下旬至8月上中旬定植，8月下旬至9月上旬开花结果，10月上中旬采收上市；马铃薯于9月上中旬催芽，10月中下旬播种定植，12月中下旬采收（表3-4）。

表3-4　早春甜瓜—秋甜瓜—冬马铃薯一年三茬种植模式

时间 茬口	11	12	1	2	3	4	5	6	7	8	9	10	11	12
早春甜瓜	●—×—	●—×—				▓▓▓								
秋甜瓜									●—×—	—×—	▓	▓		
冬马铃薯										●—×—	—×—			▓

备注：●表示播种时间；×表示定植时间；▇▇表示采收时间

（3）经济效益。春甜瓜一般亩产2 000千克，按批发价6元/千克计，产值12 000元；秋甜瓜一般亩产2 300千克，按批发价5元/千克计，产值11 500元；秋冬马铃薯亩产一般1 220千克，按批发价6.5元/千克计，产值7 930元。

3. 甜瓜—水稻高效栽培模式

该模式可以实现水旱轮作，减缓连作障碍，减少土传病害的发生。

（1）品种选择。特早熟越冬栽培甜瓜应选择耐低温、耐弱光、早熟、品质好、易坐果、产量高、抗逆性强的品种，如"西薄洛托""银蜜58""东方蜜1号"等。

水稻应选用生育期相对较短的常规粳稻品种，如"秀水134""宁84""浙粳99"等（图3-55）。

图3-55　甜瓜—水稻高效栽培模式

（2）栽培茬口。浙江地区特早熟越冬栽培甜瓜于11月底至翌年1月上旬播种，1月上旬至2月中旬定植，3月下旬至6月上旬采收；水稻于6月中旬播种育苗或直播，7月中旬插秧，10月下旬至11月上旬采收（表3-5）。

表3-5　早春甜瓜 — 水稻一年两茬种植模式

时间 茬口	11	12	1	2	3	4	5	6	7	8	9	10	11	12
越冬甜瓜	●		×		▆▆									
水稻								●	×				▆	

备注：●表示播种时间；×表示定植时间；▆▆表示采收时间

（3）经济效益。特早熟越冬甜瓜一般亩产2 000千克，按批发价10元／千克计，产值20 000元；水稻一般亩产550千克，按批发价3元／千克计，产值1 650元。

（二）高效栽培技术

1. 甜瓜嫁接栽培

目前，嫁接技术已在甜瓜生产中大面积推广应用，而甜瓜嫁接栽培尚处于起步阶段。日韩甜瓜生产中采用嫁接栽培所占比例高达90%，已普遍采用嫁接技术，但我国甜瓜嫁接技术的应用比例尚不足10%。嫁接不但可以有效解决土壤连作障碍、甜瓜枯萎病等土传病害问题，由于砧木根系发达，还可以提高接穗甜瓜吸肥、吸水能力，增强植株抗病性和抗逆性，同时减少化肥、农药的使用，对环境友好且能够降低生产成本、提高产量，是甜瓜产业可持续发展的方向，具有很大的发展潜力（图3-56）。

（1）炼苗。早春定植前5~7天炼苗。选择晴暖天气，结合浇水，喷1次防病药剂，然后揭除覆盖物和薄膜，增加通风量，降低温度，适当抑制幼苗生长，增强抗逆性。炼苗期间，如有低温或大风，应加盖覆盖物。炼苗视幼苗素质灵活掌握，壮苗可少炼或不炼，嫩苗则逐步增加炼苗强度。

（2）壮苗标准。早春苗龄40天左右、真叶2~3片，夏秋季苗龄15天左右、真叶1~2片，可出圃定植。叶色浓绿，子叶完整，接口愈合良好，节间短，幼茎粗壮。

（3）适当稀植。甜瓜嫁接栽培较自根栽培长势旺，分枝能力强，长势强、植株健壮，种植密度通常应比自根苗稀些，要适当增大株

自根苗   嫁接苗

图3-56 嫁接栽培与自根栽培对比图

距。立架栽培一般为50厘米，行距为70厘米，每穴1株；爬地栽培一般为60厘米，行距为150厘米，每穴1株。

（4）防止自生根。定植时接口部位应高出地面1厘米左右，栽植不宜深，以防止接穗生根，使抗病性降低，在田间要及时抹去砧木萌发的枝芽。

（5）整枝。厚皮甜瓜：立架栽培多采用单蔓主蔓整枝；爬地栽培多采用双蔓整枝，也可采用单蔓主蔓整枝。厚皮甜瓜一般每蔓留1~2果，瓜后留2片叶摘心。薄皮甜瓜：以爬地栽培为主，爬地栽培多采用双蔓、三蔓或四蔓整枝；立架栽培多采用双蔓或单蔓留子蔓整枝。薄皮甜瓜一般每蔓留3~4果，瓜后留2片叶摘心，品种间留果数量有差异。

（6）温度管理。早春栽培时，温度是制约甜瓜生长的重要因素，采用大棚＋中棚＋小拱棚的方法保温。多层薄膜覆盖是南方地区常用的保温措施，随栽培时间的推移，可适当减少拱棚薄膜的层数。

（7）肥水管理。铺设简易滴灌带，采用水肥一体化技术。嫁接苗生长旺盛，可适当减少基肥的用量。在施足基肥的基础上，要根据植株长势灵活追肥，重施膨瓜肥。基肥用量为商品有机肥300千克、硫酸钾型三元复合肥（N：P：K=15：15：15）40千克、过磷酸钙20千克、硼肥0.5千克；膨果期追施高钾型冲施肥两次，每次用量为5千克/亩，每10天喷施叶面肥1次，以防止植株早衰。随嫁接年限增加，有机肥施用量也应适当增加，以增强植株抗病能力。

（8）坐果。甜瓜适宜坐果节位为10~12节。若多批采收，头批瓜坐果节位可降低到6~8节，第2批瓜适宜坐果节位为13~15节。甜瓜鸡蛋大小时，及时疏果，去除畸形果和多余果。嫁接瓜必须采摘自然成熟瓜，不能高温闷棚催熟，以免降低果实品质。一般嫁接瓜成熟时间比同品种、同期坐瓜的自根瓜要延迟5天左右。

（9）病虫害防治。嫁接瓜发生的主要病害与自根瓜有所不同，嫁接能有效防治枯萎病等土传病害，但仍会出现白粉病、霜霉病、蔓枯病、蚜虫、粉虱为害。进入结果中后期做好预防工作，及时防治。

2. 甜瓜多膜覆盖特早熟越冬栽培

甜瓜特早熟越冬栽培具有上市时间早、价格高的优点，最早的一批3月中下旬即可上市，该栽培茬口在嘉兴、台州、宁波、温州等地区广泛采用，也是种植效益最好的一个茬口。其气候特点是前期温度低、光照弱、低温阴雨持续时间长，后期温度逐步回升，育苗周期长，种植管理难度大，对栽培技术要求高（表3-6）。

（1）栽培茬口。

表3-6　甜瓜多膜覆盖特早熟越冬栽培茬口安排

生育期	播种	定植	采收
时间	11月中下旬至1月初	1月中下旬至2月上中旬	3月中下旬至5月上旬

（2）品种选择。浙江地区冬季雨水较多，光照偏少，应选择耐低温弱光、早熟、上糖快、易坐果、产量高、抗逆性强的甜瓜品种，如"银蜜58""蜜天下""玉菇""西薄洛托2号""沃尔多""黄子金玉""哈翠""东方蜜1号"等。

（3）整地施肥。深翻土壤冻土，然后做畦、灌水、施肥、铺设滴灌、覆盖地膜。台州、嘉兴等地翻土后常采用直接施肥覆膜的方法，全地膜覆盖，免去做畦的步骤。一般每亩要求施腐熟有机肥1 000千克或商品有机肥400千克，硫酸钾型三元复合肥（15：15：15）40千克、硼砂 1 千克、过磷酸钙 40 千克，其中有机肥大部分翻地时撒施，少部分有机肥与化肥混合后开沟施入。甜瓜越冬栽培采取爬地栽培，对宽 8 米的标准塑料大棚，一般做 3 条宽畦，畦宽（连沟）2.5~3.0 米，畦沟深 25~30 厘米，畦面中间高、两侧低，呈龟背状。南方地区雨多易涝，一般采用深沟高畦形式栽培，栽培时必须做高畦或高垄，并且在畦间与瓜地四周挖深沟以利排水（图 3-57）。

灌水　　　　　翻地　　　　　做畦　　　　　开沟施肥

整地完成　　　　　覆膜　　　　　铺设滴灌

图3-57　整地做畦流程

（4）覆膜预热。为缩小甜瓜育苗棚与定植棚土壤温差，利于栽后快速缓苗，要求定植前 10~15 天盖好棚膜，做到雨前抢盖，保持土壤干燥，提高地温。做畦后铺设滴灌带，浇透底水，及时全畦覆盖地膜，降低棚内湿度，并搭好内大棚与拱棚，以增加棚温和土温，进行预热。

（5）播种定植。对宽 6 米的标准塑料大棚，若采用爬地栽培一般做 2 条宽畦，畦宽（连沟）2~3 米；若采用立架栽培则做 4~5 条窄畦，畦宽（连沟）1.2~1.5 米。越冬栽培多采用爬地栽培，以便搭小拱棚保温。若采用爬地栽培，定植前用制钵器按一定距离在畦边缘处破膜打孔，将幼苗栽在孔内，每畦种 1 行。爬地栽培单蔓整枝株距为 40 厘米，栽培密度 800 株／亩；双蔓整枝为 50 厘米，栽培密度 600 株／亩；立架栽培，单蔓整枝，每蔓留 1 瓜，栽培密度 1 200 株。抢"冷尾暖头"的晴天上午定植。棚内保持土层 10 厘米深度的地温稳定在 15℃

以上，棚内最低气温不低于13℃。定植后浇足定根水（每500千克定根水中加入50%多菌灵可湿性粉剂0.8千克），并马上搭好小拱棚保温。

（6）整枝。特早熟越冬栽培一般采用爬地栽培，厚皮甜瓜多采用单蔓整枝，9-11节位坐果，每蔓留1~2果，多批采收在19-21节位坐第2批瓜，25-30节打顶；薄皮甜瓜多采用双蔓整枝，9-13节位坐果，每蔓留3~4果，多批采收在19-22节位坐第2批瓜，25-30节打顶。子蔓长至25~28叶时摘心，并留好"活头"，以维持长势。结瓜蔓于授粉前留1~2叶摘心，非结瓜蔓全部去除。多批采收适当延迟打顶，在打顶以后，主蔓基部又会抽生许多侧蔓，要及时去除，以防养分流失。

（7）温度管理。甜瓜越冬栽培的难点在于温度管理，甜瓜为耐高温作物，整个生长期以高温管理为主。保温措施一般采用4棚5膜1布多层覆盖（图3-58），可确保在4月初前后采收上市。具体操作是在大棚内搭中棚、拱棚与内拱棚，覆盖大棚农膜与中棚农膜各1层，在拱棚上覆1层农膜加无纺布，内拱棚上覆盖1层农膜，地上覆地膜（即大棚膜＋中棚膜＋拱棚膜＋拱棚无纺布＋内拱棚膜＋地膜）。另外在两侧棚门加挂塑料薄膜围挡（图3-59），减少大棚密封不严导致棚门处温度低的影响，保持大棚两侧与中部温度的平衡。

图3-58　多膜覆盖　　　　　　　图3-59　棚门加挂围挡

定植至伸蔓期，棚温控制在30~35℃，超过35℃时看苗通风；初花至坐果期，温度控制在25℃左右；坐果后提高棚温至35℃左右，促进果实膨大；糖分积累期至成熟，晴天夜间可不关闭通风口，加大昼夜温差，提高果实品质。白天温度过高，可适当通风，晚上一般要保温不通风；白天温度过低，可不通风或小通风。随着温度升高，可适当通风，一般掌握小苗小通风，大苗大通风，中午晴天多通风，早晚阴天少通风；要在背风一端开口通风，通风口由小到大，通风时间逐渐延长；在果实膨大期，外界最低气温稳定在15℃时，将侧帘掀起扩大通风，加大昼夜温差，提高甜瓜品质。

（8）肥水管理。一般生产上掌握"施足基肥，巧施提苗肥，追好膨瓜肥"的施肥原则。在基肥充足的情况下，苗期至伸蔓期可以不用追肥。果实膨大期是需肥敏感期，主要抓好坐果后的追肥工作。甜瓜的产量主要取决于膨瓜前期，质量则主要取决于膨瓜后期的管理。甜瓜坐果7天左右，幼果开始迅速膨大，植株由营养生长转为生殖生长，追施高钾型三元复合肥10千克；在坐果22天左右，果实基本成形时，追施高钾型三元复合肥10千克。坐果后，每隔7~10天喷施1次0.2%的磷酸二氢钾溶液、永通牌钙镁乐叶面肥1 000倍液。

甜瓜在整个生长期内土壤湿度不能低于50%，但不同的发育阶段对水分的需求量也不同：苗期温度低，宜少浇水，定植时浇定根水，伸蔓期视土壤湿度情况浇1次水，定瓜后浇膨果水1次，但水量不可过大，以免引起病害，采收前10~15天停止浇水，以增加糖分积累。

（9）授粉。甜瓜特早熟越冬栽培温度低、光照弱，导致雄花花粉量少，多采用喷施0.1%氯吡脲可溶液剂50~250倍液的方法坐果。若温度较高，也可采用人工或蜜蜂授粉。授粉5天左右，瓜长至鸡蛋大小时进行疏果，摘去畸形果、病果、多余果。

（10）吊瓜（图3-60）。由于采用爬地栽培，果实易形成阴阳面，积水后也易导致烂瓜，严重影响果实商品性。为了提高果实商品性，种植过程中可以采用吊蔓的方式，使果实悬挂于地面。具体操作方法是，先在结果部位上方拉一根不锈钢钢丝，距离地面约50厘米，钢丝直径视大棚长度而定，大棚越长直径越粗。若大棚较长，可分段设置木桩固定。然后用尼龙绳将瓜吊到钢丝上即可。

（11）采收。应避免为了提早上市，采摘生瓜，这样不利于品牌建设。应在果实基本成熟时采摘，优质优价，也有利于产业提升，实现产销良性循环。

图3-60　爬地吊瓜栽培

3. 甜瓜早春栽培

甜瓜早春栽培的气候特点是前期温度低、光照弱、低温阴雨持续时间长，后期温度逐步回升、光照越来越充足，育苗周期较长，投入相对较低，经济效益较为明显（图3-61）。

图3-61　甜瓜早春立架栽培

（1）栽培茬口（表3-7）。

表3-7 甜瓜早春栽培茬口安排

生育期	播种	定植	采收
时间	1月中下旬至2月下旬	2月中旬至3月中旬	5月中旬至6月中旬

（2）品种选择。应选择耐低温弱光、早熟、上糖快、易坐果、产量高、抗逆性强的甜瓜品种，如"银蜜58""蜜天下""玉菇""西薄洛托2号""沃尔多""黄子金玉""哈翠""东方蜜1号""甬甜5号""西州密25号"等品种。

（3）播种定植。早春栽培一般采用全地膜覆盖的方法，也可以在畦间沟铺设稻草（图3-62），既可以减少设施内湿度，又可以防止滋生杂草和病菌。抢"冷尾暖头"的晴天上午定植，棚内保持土层10厘米深度的地温稳定在15℃以上，棚内最低气温不低于13℃。定植方法同特早熟越冬栽培。

图3-62 畦间沟铺设稻草

（4）整枝。厚皮甜瓜早春立架栽培多采用单蔓整枝，9~11节位坐果，每蔓留1~2果，多批采收在19~21节位坐第2批瓜，25~30节打顶；爬地栽培多采用双蔓整枝，9~11节位坐果，每蔓留1~2果，多批采收在19~21节位坐第2批瓜，25~30节打顶。薄皮甜瓜立架栽培多采用单蔓整枝，9~13节位坐果，每蔓留3~4果，多批采收在19~22节位坐第2批瓜，25~30节打顶；立架栽培也可以采用双蔓整枝，9~13节位坐果，每蔓留3~4果，多批采收在19~22节位坐第2批瓜，25~30节打顶；爬地栽培多采用双蔓整枝，9~13节位坐果，每蔓留3~4果，多批采收在19~22节位坐第2批瓜，25~30节打顶。结瓜蔓于授粉前留1~2叶摘心，非结瓜蔓全部去除。多批采收适当延迟打顶，在打顶以后，主蔓基部又会抽生许多侧蔓，要及时去除，以防养分流失。

（5）温度管理。甜瓜早春栽培的重点在于温度管理，整个生长期以高温管理为主。保温措施一般采用2棚3膜多层覆盖。具体操作是在大棚内搭小拱棚，在拱棚上覆1层农膜，地上覆地膜（即大棚膜＋小拱棚膜＋地膜）。另外在两侧棚门加挂塑料薄膜围挡，减少大棚密封不严导致棚门处温度低的影响，保持大棚两侧与中部温度的平衡。温度管理方法同特早熟越冬栽培。

（6）肥水管理。主要抓好坐果后的追肥工作。甜瓜坐果7天左右，幼果开始迅速膨大，植株由营养生长转为生殖生长，追施高钾型三元复合肥10千克；在坐果22天左右，果实基本成形时，追施高钾型三元复合肥10千克。坐果后，每隔7~10天喷施1次0.2%的磷酸二氢钾溶液、永通牌钙镁乐叶面肥1 000倍液。采收前10~15天停止浇水，以增加糖分积累。

（7）授粉。甜瓜早春栽培多采用蜜蜂授粉，也可以采用喷施0.1%氯吡脲可溶液剂50~250倍液或人工授粉的方法。授粉5天左右，瓜长至鸡蛋大小时进行疏果，摘去畸形果、病果、多余果。

（8）套袋（图3-63）。为了提高果实品质，对于小哈密瓜类型甜瓜，比如"甬甜5号"，在果实拳头大小时套上防水防虫外黄内黑的纸袋，可以使果实变白、网纹变少、果实美观度增加。

图3-63　甜瓜套袋

4. 甜瓜越夏栽培

夏季是一年中温度最高的季节，设施大棚内温度较室温普遍高10~15℃，高温是限制越夏栽培的关键因子，因此甜瓜越夏栽培管理难度大。越夏栽培气候特点是夏季光照强、温度高；随着秋季的到来，光照逐渐减弱，温度逐渐降低；易受台风天气影响，易出现水涝、弱光寡照和阴雨天气持续时间长的现象。越夏栽培是甜瓜周年生产的重要茬口，可接茬草莓等夏收作物，也可与草莓套种，提高了空闲地的利用率，于8月中下旬至9月中下旬上市，此时正值蔬菜瓜果淡季，市场价格相对较高，种植效益明显。

（1）栽培茬口（表3-8）。

表3-8　甜瓜越夏栽培茬口安排

生育期	播种	定植	采收
时间	4月下旬至5月中旬	5月上旬至5月下旬	7月下旬至8月中下旬

（2）品种选择。由于设施内温度较高，宜选择耐热、抗蔓枯病、高温下易坐果、优质的甜瓜品种，如"甬甜7号""丰蜜29""翡翠绿宝""丰脆1号"等品种。

（3）整地作畦。可接茬草莓等夏收作物，也可与草莓套种。一般亩施有机肥500千克，硫酸钾型三元复合肥（15∶15∶15）30千克，过磷酸钙30千克，其中有机肥2/3翻地时撒施，1/3有机肥与复合肥及过磷酸钙混合后开沟施入，做畦后浇透底水，畦上铺设滴灌带，覆上银灰双色地膜待栽。一般采用爬地栽培，畦宽2米，沟宽30厘米。因浙东地区雨水充足，应重视排水工作，多采用深沟高畦形式栽培，在大棚四周开深沟以利于排水。

（4）播种定植。一般于进行播种育苗，苗龄10~20天即可定植。定植前用制钵器按一定距离在畦面破膜打孔，将幼苗栽于孔内。定植后浇混有杀菌剂和肥料的定根水。一般选择晴天下午定植，定植后2~3天如温度过高、光照过强可在大棚外侧或内侧覆盖遮阳网（图3-64、图3-65），以降低棚内温度提高成活率。

（5）温度管理。此期的温度特点是前期温度高，后期温度逐步降

图3-64　外遮阳网降温

图3-65　内遮阳网降温

低。棚内温度时常达到 45℃ 以上，育苗时幼苗极易徒长，形成高脚苗，注意控制基质和营养土湿度，不可湿度过大。定植时，光照强，棚内温度很高，蒸发量大，幼苗极易发生灼伤，可在棚外、棚内覆盖遮阳网或畦面覆盖稻草（图 3-66）。植株生长期间，注意通风降温，在甜瓜生长后期，可适当关闭大棚侧帘和前后门保温。果实成熟期采用适当措施增大昼夜温差，有利于果实糖分积累。

图3-66　畦面覆盖稻草降温

（6）肥水管理。甜瓜伸蔓期，每亩追施硫酸钾型三元复合肥（15∶15∶15）5千克1次；甜瓜坐果5天左右，幼瓜开始迅速膨大，每亩滴施适量蔬菜专用速效肥或硫酸钾型三元复合肥（15∶15∶15）10千克1次；坐果18天左右，喷1次0.2％的磷酸二氢钾溶液和叶面肥，每亩滴施适量蔬菜专用速效肥或硫酸钾型三元复合肥（15∶15∶15）8千克1次；坐果28天左右，喷施1次0.2％的磷酸二氢钾溶液和叶面肥。

不同的甜瓜生育阶段对水分的需求量也不同。苗期温度高，需及时补充水分，定植时浇定根水；伸蔓期视土壤湿度情况浇1次水；定瓜后结合追肥浇膨果水1次，但水量不可过大，以免引起病害；采收前10~15天停止浇水，以利于增加糖分积累。

（7）采收（图3-67）。由于夏季温度高，易出现畸形果，采摘时应将畸形果去掉。采收时将果实两头带叶剪下，宜选在清晨或傍晚，瓜的温度低可利于保鲜。

图3-67　大棚越夏栽培采收第三批次瓜

5. 甜瓜秋延后栽培

甜瓜秋冬季栽培的气候特点是前期光照强、温度高，后期随着植株的生长，光照逐渐减弱，温度逐渐降低，易受台风天气影响，易出现水涝、弱光寡照和阴雨天气持续时间长的现象。为了避免植株生长后期遇到寒潮低温天气影响，应根据各地情况选择合适的播种时期。浙江地区秋季栽培要注意查看台风等灾害性天气情况，及时做好各项预防措施。

（1）栽培茬口（表3-9）。

表3-9　甜瓜秋延后栽培茬口安排

生育期	播种	定植	采收
时间	7月中旬至8月上旬	7月下旬至8月中旬	10月初至11月中旬

（2）品种选择。由于设施内温度较高，宜选择耐热、抗蔓枯病、易坐果、优质的甜瓜品种，厚皮甜瓜可以选择"甬甜5号""甬甜7号""甬甜55""西州密25号""丰蜜68""丰蜜29"；薄皮甜瓜可以选择"翡翠绿宝""丰脆1号""甬甜8号""黄子金玉""浙香甜1号""美浓"（图3-68）。

图3-68 甜瓜秋延后栽培

（3）播种育苗。催芽种子播于苗床后1~2天即可出苗，待真叶长至1叶1心时移栽至营养钵，秋季苗龄8~15天，2叶1心时定植于大棚中。基质育苗直接播种于穴盘，待2叶1心时定植于大棚。

（4）苗期管理。育苗期正处于三伏天，棚内温度高，应早晚浇水，避免高温期浇水。浇水时一次性浇透，尽量减少浇水次数。真叶出现后温度不能过高，注意控制浇水量，否则易造成徒长。土壤湿度过大，易引起猝倒病。为预防病害，苗床应每7天用一次药。

（5）温度管理。此期的温度特点是前期温度高，后期温度逐步降低。苗期易形成高脚苗，要注意控制基质和营养土湿度，不可湿度过大。前期温度高时，可保持大棚前后门和侧帘常开；后期温度低时，可适当关闭大棚前后门或侧帘保温。定植期，由于光照强、棚内温度高，幼苗蒸发量大，极易发生灼伤，会降低定植成活率，可在棚外覆盖遮阳网或畦面覆盖稻草，待幼苗成活后及时撤去遮阳网。植株生长期间，注意做好通风降温工作，大棚前后门及侧帘可保持常开。甜瓜生长后期，由于温度降低，可适当关闭大棚前后门和侧帘保温。果实成熟期采用适当措施增大昼夜温差，可通过白天少通风、晚上大通风的方法，以利于果实糖分积累。

（6）肥水管理。基肥有利于甜瓜糖度的积累，基肥施足后，至伸蔓期一般不再追肥，尤其是氮肥。主要做好果实膨大期追肥工作。甜瓜坐果7天左右，幼瓜开始迅速膨大，每亩滴施适量高钾型蔬菜专用速效肥或硫酸钾型三元复合肥（15∶15∶15）10千克1次，同时喷1次杀菌剂和0.2%的磷酸二氢钾溶液。坐果18天左右，每亩滴施适量高钾型蔬菜专用速效肥或硫酸钾型三元复合肥（15∶15∶15）8千克1次，同时喷施1次0.2%的磷酸二氢钾溶液和叶面肥。

六、病虫害防控

（一）防控原则

遵循"预防为主、综合防治"的方针。加强栽培管理，提高植株抗病虫害能力。根据病虫害发生规律，适时开展化学防治。提倡使用诱虫灯、粘虫板、防虫网、性诱剂等措施，繁殖释放天敌。优先使用生物源和矿物源等高效低毒低残留农药，严格控制安全间隔期、施药量和施药次数。

（二）防控方法

1. 农业防治

农业防治是在有利于甜瓜生长的前提下，通过农田植被的多样性、耕作制度、农业栽培技术以及农田管理的一系列技术措施，调节害虫、病原物、杂草、寄主及环境条件间的关系，创造有利于甜瓜生长的条件，减少害虫的基数和病原物初侵染来源，降低病虫草害的发展速率。

2. 物理机械防治

应用机械设备及各种物理因子如光、电、色、温、湿度等来防治害虫的方法，称为物理机械防治法。其内容包括简单的淘汰和热力处理、人工捕捉和最尖端的科学技术（如应用红外线、超声波、高频电流、高压放电）以及原子能辐射等方法。目前，黄板、蓝板、杀虫灯、防虫网、性诱捕器等已被广泛应用（图3-69、图3-70）。

图3-69　杀虫灯　　　　　　　　图3-70　悬挂黄板

3. 生物防治

生物防治是利用生物或生物代谢产物来控制害虫种群数量的方法。生物防治的特点是对人畜安全，不污染环境，有时对某些害虫可以起到长期抑制的作用，而且天敌资源丰富，使用成本较低，便于利用。生物防治是一项很有发展前途的防治措施，是害虫综合防治的重要组成部分。生物防治主要包括：以虫治虫，以菌治虫，以及其他有益生物利用等。

4. 化学防治

药剂防治优先选用生物农药和矿物源农药，宜选用水剂、水乳剂、微乳剂和水分散粒剂等环境友好型剂型，在其他防治措施效果不明显时，合理选用高效、低毒、低残留农药。药剂防治要严格掌握施药剂量（或浓度）、施药次数和安全间隔期，提倡交替轮换使用不同作用机理的农药品种，甜瓜采收前控制化学用药（图3-71）。

（三）主要病害防治

1. 猝倒病

猝倒病是甜瓜苗期的主要病害，在早春保护地育苗中低温、高湿

图3-71 化学防治

情况下发生尤为严重（图3-72）。

（1）为害症状。该病主要为害甜瓜未出土或刚出土不久的幼苗。刚出土的幼苗染病后，初始不表现出明显的病症，出苗后5～7天，幼苗近地表的胚轴基部出现暗绿色水渍状病斑，很快变成黄褐色；当病斑绕茎一周后，病部迅速缢缩成线状，引起幼苗突然猝倒、贴伏在地面

图3-72 猝倒病

上，而子叶往往尚未萎蔫，最后病部变成褐色。病情严重时，幼苗尚未出土即已烂种烂芽。最初在田间多为零星发病，往往先从有滴水处的个别幼苗上开始发病，几天后以此为中心，向四周扩展；苗床湿度

大时病情迅速蔓延，病部腐烂，造成幼苗成片猝倒，在病残体表面及其附近土表可见一层白色絮状物。

（2）防治方法。苗床宜选择地势高，地下水位低，排水良好的地块；育苗床土应选择无病营养土，可用50%拌种双可湿性粉剂6~8克，或25%甲霜灵可湿性粉剂9克加70%代森锰锌可湿性粉剂1克，或50%多菌灵可湿性粉剂8~10克加等量的70%代森锰锌可湿性粉剂，拌3~5千克的细干土制成药土进行消毒处理。一般要求苗床温度在25~30℃左右，不低于20℃，当塑料薄膜或幼苗叶片上有水珠凝结时，及时通风降湿，下午及时盖严薄膜保温；浇水应在晴天进行，尽量控制浇水次数，浇水后及时揭膜通风透光；阴雨天苗床湿度过高时，可撒施干草木灰，以降低苗床湿度。发现中心病株后及时拔除，带出苗床集中销毁，并喷药保护。药剂可选用68.75%银法利（氟吡菌胺·霜霉威盐酸盐）悬浮剂600~800倍液，或68%金雷（精甲霜灵·代森锰锌）可湿性粉剂600倍液，或96%恶霉灵可湿性粉剂3 000倍液等，采取喷淋法施药，每平方米喷药液2~3千克，每隔7~10天用药一次，连续防治2~3次。喷药后应及时通风、透气、降湿。

2. 立枯病

立枯病是甜瓜苗期的主要病害之一，幼苗出土后即可能受害，但多发生在育苗中后期（图3-73）。

图3-73　立枯病

（1）为害症状。刚出土幼苗及大苗均可发病，主要侵染植株根尖及根茎部的皮层。幼苗受害后，在茎基部产生暗褐色椭圆形病斑，如同心轮纹。发病初期，染病幼苗白天叶片萎蔫，夜间恢复正常，病斑逐渐扩大、凹陷；高湿条件下，病部会产生淡褐色蛛丝状霉（即病菌的菌丝及其结成的大小不等的褐色菌核）；当病斑绕茎一周后，茎基部呈蜂腰状干缩，有时幼茎木质部外露，叶片萎蔫不再恢复正常，最后幼苗枯死，但不猝倒。

（2）防治方法。防治方法参照"猝倒病"。

3. 枯萎病

枯萎病又称蔓割病、萎蔫病等，是瓜类作物的毁灭性病害，主要为害植株的维管束。此病是一种病菌在土壤中逐年积累而发病的土传病害，发病程度取决于当年的土壤带菌量（图3-74）。

图3-74 枯萎病

（1）为害症状。苗期染病，幼苗不能出土即腐烂，或出土后不久顶端出现失水状，子叶和真叶颜色变浅，似缺水状萎蔫下垂，茎基部变褐色、缢缩，最后枯死。成株期染病，初始叶片从基部向前逐渐萎蔫，似缺水状，中午烈日下表现尤为明显，早晚可恢复；持续3~6天后，整株（蔓）呈枯萎状凋萎，不再恢复正常，部分叶片变褐或出现褐色坏死斑块；茎基部缢缩，出现褐色条形水渍状病斑。在田间有时同一植株中部分枝蔓萎蔫，另一部分枝蔓仍正常生长，以后逐渐蔓延至全株；有的则表现为同一条茎蔓半边发病，半边健全；也有的主蔓枯萎，而在茎基部长出不定根，发生新侧枝；有的病株后期，茎基部表皮破裂，茎蔓上病部纵裂，病茎纵切面上维管束变褐；有时病株根部还会腐朽成麻丝状。但在病势急剧时，茎蔓3~4天即能枯死。在潮湿条件下，病部表面产生少量白色至近粉红色的霉层（即病菌的分生孢子梗和分生孢子），或流出琥珀色至紫红色胶状物。因菌丝体不断扩大和孢子繁殖堵塞导管，使茎叶失水而导致萎蔫死苗。

（2）防治方法。提倡与水稻或其他非葫芦科作物实行5~6年以上轮作。没有条件轮作的田块应每隔2~3年，选用石灰氮等进行土壤处理。可采用嫁接技术。采用55℃温水配40%拌种双可湿性粉剂500倍液浸1~2小时，捞出晾干即可催芽播种，或2.5%适乐时（咯菌腈）悬浮种衣剂进行包衣处理后播种。发病初期选用20%好靓（丙硫咪唑）可湿粉剂3 000倍液，或96%恶霉灵可湿粉剂3 000倍液，或3%广枯灵（恶霉·甲霜）水剂600倍液等，喷雾与灌根相结合，每株灌药液250~500毫升，每隔7~8天用药一次，连续防治3~5次。枯萎病一定要早防早治，结瓜后发病前或发病初期灌根。

4. 黑点根腐病

甜瓜黑点根腐病是瓜类作物的毁灭性病害，为害甜瓜根部，一般在甜瓜采收前半个月开始出现植株萎蔫，直至植株死亡，造成甜瓜果实糖度低而失去商品性。黑点根腐病是一类由土壤病原菌引起的土传病害（图3-75）。

图3-75　黑点根腐病

（1）为害症状。在甜瓜采收前植株藤蔓萎蔫，根部腐烂几乎无次生根，维管束近地面部分变褐色但不沿着茎部向上蔓延。维管束变褐色但不向上蔓延这点与甜瓜枯萎病症状相区别。甜瓜植株死亡后在干枯的根部出现肉眼可见的黑色球状子囊壳，为识别此病的重要特征。

（2）防治方法。选用无病种苗。选用黄金瓜等耐湿性品种。发病地块需进行土壤消毒处理，如高温灌水闷棚等。棚室或露地栽培的，施用酵素菌沤制的堆肥或充分腐熟的有机肥，采用配方施肥技术，减少化肥施用量。无土栽培时，要及时更换营养液，防止病菌积累。

5. 蔓枯病

蔓枯病是甜瓜的常见病害之一，在整个生育期均可发病，以大棚栽培受害最重，造成病株提早死亡而减产（图3-76）。

图3-76　蔓枯病

（1）为害症状。茎蔓、叶片、果实均可受害，主要为害叶片和茎蔓。叶片染病，多从叶缘开始发病，出现直径为1~2厘米的"V"字形或椭圆形病斑，淡褐色至黄褐色，轮纹不明显，老叶上病斑表面常密生小黑点（即病菌的分生孢子器及子囊壳）。干燥时病斑干枯，往往呈星状破裂；遇连续阴雨时，病斑遍及全叶，叶片变黑而枯死。茎蔓染病，主要在茎基和茎节的附近，初始产生油渍状小病斑，病斑呈椭圆形或梭形，白色，逐渐扩大后常绕茎蔓半周至一周，后期病斑变成黄褐色，病茎干缩，纵裂成乱麻状，可长达十多厘米，甚至更长，造成病部以上茎叶枯萎，病部密生小黑点。田间湿度大时，病部常流出琥珀色胶质物，干枯后为红褐色或黑色。果实受害后，初为水渍状病斑，以后中央部分为褐色枯死斑，稍有凹陷，最后褐色部分星状开裂，内部组织坏死，呈木栓状干腐。

此病在病部产生小黑点为主要识别特征，茎部发病后表皮易撕裂，引起瓜苗枯死，但维管束不变色，也不为害根部，可与枯萎病相区别。

（2）防治方法。可用55℃温水浸种20分钟，或用50%福美双可湿性粉剂，或50%多菌灵可湿性粉剂，以种子重量的0.3%拌种。实行2~3年非瓜类作物轮作，并做高畦地膜栽培。不使用前茬瓜类上使用过的架材。收获后应彻底清理田园，集中焚烧。增施有机肥，适时追肥，以防止生长中后期脱肥。保护地要加强通风透光，并且要严格掌握晴天整枝，避免伤口侵染，减少滴水，降低棚室内湿度，畦面应保持半干状态。露地栽培防止大水漫灌，水面不超过畦面，浇后加强通风换气，减少棚内湿度，避免病害流行。雨季加强防涝，降低土壤水分含量。施用充分腐熟的有机肥，适当增施磷肥和钾肥，生长中后期注意适时追肥，避免脱肥。发病后适当控制浇水。发病初期及时用药，药剂可选用70%安泰生（丙森锌）可湿性粉剂500倍液，或70%品润（代森联）干悬浮剂500倍液，或68.75%易保（恶唑菌酮·锰锌）水分散粒剂1500倍液等，喷雾防治，每隔5~7天用药一次，连续防治2~3次；重点喷在瓜苗中下部茎叶和地面。也可用以上农药粉调成糊状，直接涂抹在病蔓处及根茎部。采收前4天停止用药。

6. 白粉病

白粉病是甜瓜的常见病害之一，在整个生育期都可染病，但以生长中后期发生较为严重。发病严重时，叶片枯黄，植株干枯，产量和质量显著下降。白粉病的发生和流行与温度、湿度和栽培管理有密切关系，高温高湿利于该菌萌发侵入，干干湿湿的天气有利于加快流行速度（图3-77）。

图3-77　白粉病

（1）为害症状。此病主要为害叶片，其次是叶柄和茎蔓，一般不为害果实。发病初期，叶面或叶背产生白色近圆形星状小粉点，以叶面居多，当环境条件适宜时，粉斑迅速扩大，连接成片，成为边缘不明显的大片白粉区，上面布满白色粉末状霉（即病菌的菌丝体、分生孢子梗和分生孢子），严重时整叶面布满白粉。叶柄和茎上的白粉较少。病害逐渐由老叶向新叶蔓延。发病后期，白色霉层因菌丝老熟变为灰色，病叶枯黄、卷缩，一般不脱落。当环境条件不利于病菌繁殖或寄主衰老时，病斑上出现成堆的黄褐色的小粒点，后变黑（即病菌的闭囊壳）。

（2）防治方法。合理密植，及时整枝打杈，保持田间通风透光，增施磷、钾肥。旱时做好灌溉，涝时做好排水，远离菌源选地，增强植株抗病力；露地和保护地甜瓜收获后，均应彻底清理瓜株病残体，集中销毁，减少菌源，减少病害发生。发病初期及时防治，药剂可选用50%凯泽（烟酰胺）分散粒剂1200倍液，或50%翠贝（醚菌酯）水分散粒剂3000倍液，或15%三唑酮可湿性粉剂1500倍液等，喷药时，叶正面、背面都必须均匀着药，否则很大程度上会影响防治效果，每隔7~10天用药一次，连续防治2~3次，注意交替使用。由于三唑类杀菌剂在低温条件下使用易引起作物滞长，因此在早春低温季节以及甜瓜幼苗期、花期应慎用三唑酮（粉锈宁）、福星（氟硅唑）、世高（苯醚甲环唑）等三唑类杀菌剂。

7. 霜霉病

霜霉病为流行性病害，扩展蔓延速度快，造成甜瓜因提前死苗而大幅度减产（图3-78）。

图3-78　霜霉病

（1）为害症状。在作物整个生育期均会受侵害发病，主要为害中、下部功能叶，一般多从近根部老叶开始发病，逐渐向上扩展。子叶染病，呈褪绿色黄斑，扩大后变黄褐色。真叶染病，叶缘或叶背出现褪绿黄斑，病斑扩大后受叶脉限制，呈多角形淡褐色或黄色斑块（格子状），湿度大时叶背面长出灰黑色霉层（即病菌的孢囊梗和孢子囊）；发病严重时，病斑连接成片，全叶变黄褐色，干枯、卷缩，似火烧状。因叶片枯死，果实瘦小，品质低劣，丧失食用价值。在棚室栽培的甜瓜受害，因湿度高，病叶常腐烂。

（2）防治方法。玉菇等甜瓜品种抗病性较好。选择地势高、排灌方便的田块，培育无病苗。采用地膜覆盖技术，降低田间湿度，定植后和结瓜前应控制浇水，并改在上午进行，及时通风降湿。大棚设施栽培有利于控制小环境条件。合理施用生物有机肥和配方施肥，提高植株抗性。以大棚甜瓜为例，上午进行闷棚，使棚温迅速升至25~30℃，湿度降至75%（有条件的可先排湿），下午及时通风，温度降至20~25℃，湿度降至70%。傍晚加大通风量，使棚温在夜间迅速降至15℃以下，可有效抑制霜霉病的发生，而不影响甜瓜的生长。药剂防治可选用68%金雷（精甲霜灵·代森锰锌）水分散粒剂600~800倍液，或70%品润（代森联）干悬浮剂500倍液，或50%安克（烯酰吗啉）可湿性粉剂，叶面喷雾防治，施药后应及时通风，使叶片上的水渍干后再盖棚膜。连续阴雨天气，湿度大时，可用20%一熏灵烟剂每标准棚100克烟雾法防治。采收前3天停止用药。

8. 疫病

疫病是一种高温高湿型的土传病害，俗称死秧。浙江地区主要发病盛期在4~7月；多雨年份，发病尤重（图3-79）。

（1）为害症状。整个生育期均可发病，幼苗、叶、茎及果实均可受害。幼苗子叶染病后先出现水渍状暗绿色圆形斑，中央部分逐渐变成红褐色；茎基部受害后，近地面处呈现暗绿色水渍状软腐，病部逐渐缢缩，直至倒伏枯死。真叶染病后，初生暗绿色水渍状斑点，后扩展为圆形或不规则形的大病斑，边缘不明显，以后中央为青白色，湿度大时，迅速扩展，软化腐烂，似开水烫伤状；干燥时变成淡褐色，易破碎。病斑发展到叶柄叶上，叶片凋萎下垂。茎蔓染病后在茎节部

图3-79 疫病

出现暗绿色纺锤形水渍状斑点，病部明显缢缩；天气潮湿时，出现暗褐色腐烂，病部以上的茎蔓及叶片凋萎下垂。果实染病，形成暗绿色圆形水渍状凹陷斑，并迅速扩展到全果，形成烂瓜，果实皱缩软腐，病部表而密生白色霉状物（即病菌的菌丝），病健界限不明显。

（2）防治方法。实行非瓜类作物轮作3年以上；选择排水良好的田块，采用深沟高畦种植，雨后及时排水、通风、降湿；采用配方施肥技术，施用充分腐熟的有机栏肥，提高植株抗性。发病前可用78%科博（波尔多液·代森锰锌）可湿性粉剂500倍液喷雾预防；发病初期可选用68.75%银法利（氟吡菌胺·霜霉威盐酸盐）悬浮剂600~800倍液，或50%安克（烯酰吗啉）可湿性粉剂2 500倍液，或68%金雷（精甲霜灵·代森锰锌）水分散粒剂600~800倍液等，喷雾防治，每隔7~10天用药一次，连续防治3~4次，注意交替使用。

9. 炭疽病

炭疽病在甜瓜的整个生长期均可发生，但以生长中后期发病较重，主要为害叶片、叶柄、茎蔓和果实（图3-80）。

（1）为害症状。幼苗发病，子叶上出现圆形或半圆形的淡黄色水渍状小点，后变褐色，外围出现黄褐色晕圈，中央呈淡褐色，有同心

图3-80　炭疽病

轮纹，病斑易相连，表面有小黑粒，湿度高时出现粉红色黏稠物。当病情扩展到幼茎时，近地表的茎基部变为黑褐色，且缢缩，甚至折断，但病斑部位较立枯病高。成株期发病，在叶片上出现水渍状纺锤形或圆形斑点，很快干枯成黑色病斑，外围有黑紫色晕圈，有时出现同心轮纹。病斑扩大后，常互相联合，干燥时易破裂，引起叶片枯死；在潮湿条件下，病斑上产生粉红色小点，后变为黑色小点（即病菌的分生孢子盘）。在茎或叶柄上的病斑呈长椭圆形、纺锤形或不规则状，稍凹陷，初期为黄褐色水渍状，逐渐变成黑色，若病斑绕茎1周，病茎上端的叶片、茎蔓全部枯死。在成熟果实上，初始出现暗绿色水渍状小点，病斑扩大后圆形或椭圆形凹陷，暗褐色至黑褐色，凹陷龟裂；病斑多在暗绿色条纹上，在具条纹果实的淡色部位不发生或轻微发生；潮湿时，病斑中央产生粉红色黏状物（即病菌的分生孢子）。幼瓜受害，呈水渍状淡绿色圆形病斑，常变畸形，变黑，收缩腐烂，早期脱落。

（2）防治方法。采用55℃温水浸种20分钟后冷却，再用清水浸种。实行3年轮作，并用无菌土进行营养钵育苗。定植施足底肥，增施磷钾肥。露地盖膜栽培，保护地适时放风。深沟高畦，防止田间积水，雨后及时排水，及时清除田间杂草。发病初期喷50%多菌灵可湿性粉剂500倍液，或50%甲基托布津可湿性粉剂500倍液，或50%炭疽福美可湿性粉剂500倍液，或65%代森锌可湿性粉剂500倍液，或50%多菌灵可湿性粉剂800倍液加75%百菌清可湿性粉剂800倍液，25%咪鲜胺乳油1 200~1 500倍液，隔7~10天喷1次，连续2~3次，注意轮换使用。棚室栽培可采用烟雾法或粉尘法。

　　10. **瓜类褪绿黄化病毒病**

　　为害程度的轻重与烟粉虱发生数量密切相关（图3-81）。

图3-81　瓜类褪绿黄化病毒病

　　（1）为害症状。甜瓜基部或中部叶片开始退绿，而后黄化，向顶端嫩叶发展，严重时整株黄化，但叶脉仍为绿色。

　　（2）防治方法。防止媒介昆虫（烟粉虱）进入设施内，对媒介昆虫用农药防治，特别是育苗期和甜瓜生长初期，要进行重点防治，放置黄色粘板在设施内。用55℃温水浸种30分钟或用10%磷酸三钠溶液浸种20分钟，用清水洗净后再催芽播种。除去设施周围的杂草，铲除媒介昆虫的发生源。设施作物栽培结束后对大棚进行密封消毒杀虫处理，防止媒介昆虫飞到设施外。定植时使用颗粒剂对土壤消毒。发病初期用2%菌克毒克（宁南霉素）水剂200~250倍液，或20%康润1号（吗啉胍·乙铜）可湿性粉剂500倍液，或1.5%植病灵（硫铜·十二烷·三十烷）乳油1 000倍液等药剂，喷雾防治。每隔7天用药一次，连续防治2~3次。配合施用植物生长调节剂，如1.8%爱多收（复硝酚钠）水剂3 000~5 000倍液等，防治效果更佳。

11. 黄瓜绿斑驳花叶病毒病

一类由种子带毒传播的检疫性种传病害，为害十分严重（图3-82）。

（1）为害症状。甜瓜生长初期感染黄瓜绿斑驳花叶病毒，顶部第3~4片幼叶出现黄色斑或花叶，远看顶部附近呈黄色，之后展开的3~4片叶症状反而减轻，再后的3~4片叶又出现黄花叶，不断变化。成株侧枝叶出现不整形或星状黄花叶，生育后期顶部叶片有时再现大型黄色轮斑。果实有两类症状，一种在幼果再现绿色花叶，肥大后期呈绿色斑。另一种在绿色部的中心出现灰白色部分。

（2）防治方法。选择抗病品种，使用无侵染的种苗。在农事操作中尽量避免病毒经器械等传播，加强栽培管理，及时拔除初侵染病株，集中销毁病株残体。采取土壤消毒和轮作。种子进行药剂消毒（10% 磷酸三钠溶液浸泡20~30分钟）、干热处理（35℃ 24小时、55℃ 24小时、72℃ 72小时）、干热处理结合药剂消毒、温汤浸种（55℃，20分钟）结合药剂消毒等种子处理。发病初期用2% 菌克毒

图3-82　黄瓜绿斑驳花叶病毒病

克（宁南霉素）水剂200~250倍液，或20%康润1号（吗啉胍·乙铜）可湿性粉剂500倍液，或1.5%植病灵（硫铜·十二烷·三十烷）乳油1 000倍液等药剂，喷雾防治。每隔7天用药一次，连续防治2~3次。配合施用植物生长调节剂，如1.8%爱多收（复硝酚钠）水剂3 000~5 000倍液等，防治效果更佳。

12. 细菌性角斑病

甜瓜上常发的一种细菌性病害（图3-83）。

图3-83　细菌性角斑病

（1）为害症状。主要为害叶片和瓜条。叶片受害，初为水渍状浅绿色后变淡褐色，因受叶脉限制呈多角形。后期病斑呈灰白色，易穿孔。湿度大时，病斑上产生白色黏液。茎及瓜条上的病斑初呈水渍状，近圆形，后呈淡灰色，病斑中部常产生裂纹，潮湿时产生菌脓。果实后期腐烂，有臭味。

（2）防治方法。在无病区或无病植株上留种，防止种子带菌。催芽前应进行种子消毒。常用的方法有：温汤浸种，用55℃温水浸20分钟；用新植霉素200毫克/千克液或50%代森铵500倍液浸种1小时；或用福尔马林液150倍液浸种1.5小时，后洗净催芽。与非瓜类作物实行2年以上的轮作。利用无菌的大田土育苗。利用高垄栽培，铺设地膜，减少浇水次数，降低田间湿度。保护地及时通风。雨季及时排水。及时清洁田园，减少田间病原。发病初期可用72%农用链霉素可溶性粉剂3 000倍液或90%新植霉素可溶性粉剂4 000倍液，或47%加瑞农可湿性粉剂600~800倍液，或77%可杀得可湿性粉剂500~800倍液喷雾防治，每周喷一次，连喷3~4次。

13. 细菌性果斑病

甜瓜上为害严重的一种种传检疫性病害，导致果实腐烂（图3-84）。

图3-84　细菌性果斑病

（1）为害症状。甜瓜幼苗感病，子叶的叶尖和叶缘先出现水浸状小斑点，并逐渐向子叶基部扩展形成条形或不规则形暗绿色状病斑，后期转为褐色，下陷干枯，形成不明显的褐色小斑，周围有黄色晕圈，病斑通常沿叶脉发展，对植株的直接影响不大，但却是果实感病的重要病菌来源。条件适宜时，子叶病斑可扩展到嫩茎，引起茎基部腐烂，使整株幼苗坏死。种子带菌的瓜苗在发病后1~3周即死亡。植株生长中期，叶片病斑多为浅褐色至深褐色，圆形至多角形，周围有黄色晕圈，沿叶脉分布，后期病斑中间变薄，病斑干枯，严重时多个病斑连在一起。有时病原菌自叶片边缘侵入，可形成"V"字形病斑，通常不导致落叶。茎基部发病初期呈水浸状并伴有开裂现象，严重时导致植株萎蔫。果实表面出现水渍状斑点，初期较小，直径仅为几十毫米，随后迅速扩展，形成边缘不规则的深绿色水浸状病斑。几天内，这些坏死病斑便可扩展覆盖整个果实表面，初期这些坏死病斑不延伸至果肉中，后期受损中心部变成褐色并开裂，果实上常见到白色的细菌分泌物或渗出物并伴随着其他杂菌侵染，最终整个果实腐烂，严重影响果实产量。

（2）防治方法。种子处理是预防细菌性果斑病的最佳措施。播前用1%盐酸溶液漂洗种子15分钟，或15%过氧乙酸200倍液处理30分钟，或30%双氧水100倍液浸种30分钟可以有效降低种子带菌率。选择无病留种田。播种前进行土壤消毒。加强田间管理，避免种植过密、植株徒长，合理整枝，减少伤口。平整地势，改善田间灌溉系统，合理灌溉并排除田间积水。彻底清除田间杂草，及时清除病株及疑似病株并销毁深埋。与非葫芦科作物实行3年以上轮作。发病初期叶片喷施77%氢氧化铜可湿性粉剂1 500倍液，每隔7天喷施一次，连续2~3次，但开花期不能使用，否则影响坐果率，同时药剂浓度过高容易造成药害。作为预防可以每周喷一次，使用浓度为正常用量的一般或正常用量。此外，还可选用0.3%四霉素水剂50倍液、30%乙蒜素乳油700倍液，或47%加瑞农可湿性粉剂600~800倍液，整株喷雾防治效果也较明显。铜制剂与其他药剂轮换使用，既可提高药剂使用效果，又可降低抗药性。

14. 根结线虫病

根结线虫病是由线虫侵染引起的线虫病害。土壤疏松、通气性好和连作瓜地，根结线虫病发生严重（图3-85）。

（1）为害症状。该病只为害甜瓜根部，主根和侧根均可受害，以侧根受害较重。须根或侧根染病，在病根上产生浅黄色至黄褐色、大小不一的瘤状根结，使甜瓜根部肿大、粗糙，呈不规则状。解剖根结，病部组织中有许多细长蠕动的乳白色线虫寄生其中。根结之上一般可以长出细弱的新根，在侵染后形成根结肿瘤。根结形成少时，地

图3-85　根结线虫病

上瓜蔓无明显症状；根结形成多时，地上瓜蔓生长不良，叶片褪绿发黄，结瓜少而小，果实黄化，晴天中午植株地上部分出现萎蔫或逐渐枯黄，最后植株枯死。

（2）防治方法。合理轮作，育无病苗。保护地栽培要避免连作，最好与葱蒜、禾本科作物或水生蔬菜实行2~3年轮作，可基本消灭线虫。采用消毒基质、营养土育苗，培育无病壮苗。不施用带有根结线虫病根又未经腐熟的有机肥。对有根结线虫的地块，在甜瓜栽培前覆盖地膜使土壤增温达45℃以上，杀死土壤中的线虫。在甜瓜栽培前，对瓜田灌水，湿润到20厘米以上，诱发越冬的根结线虫卵孵出，使其在短期内找不到寄主植物而死亡。田间发现病株后，立即拔除，并集中销毁。于发病初期选用40%新农宝（毒死蜱）乳油1 000倍液，或52.25%农地乐（毒·氯）乳油1 200倍液，或50%辛硫磷1 000倍液等灌根，每穴灌药液250~300毫升；也可每亩用10%克线丹颗粒剂4~5千克在移植撒施或定植后穴施，浇水盖土较佳。

（四）主要虫害防治

1. 瓜绢螟

瓜绢螟属鳞翅目螟蛾科，是甜瓜的重要害虫之一（图3-86）。

图3-86 瓜绢螟

（1）为害症状。初孵幼虫在嫩叶正、反两面取食，残留表皮成网斑。3龄后开始吐丝缀合叶片、嫩梢，在虫苞内取食，严重时仅剩叶脉。幼虫还常蛀入瓜内，影响产量和质量。幼虫活泼，受惊后吐丝下垂，转移他处为害。老熟幼虫在卷叶内或表土中作茧化蛹。

（2）防治方法。及时清理田间枯藤落叶，消灭虫蛹。在幼虫发生初期，摘除卷叶，捏杀部分幼虫和蛹。在低龄幼虫盛发期（未卷叶前），可选用5%锐劲特（氟虫腈）悬浮剂2 000~2 500倍液，或5%雷通（甲氧虫酰肼）悬浮剂1 000~1 500倍液，或55%农蛙（毒死蜱·氯氰菊酯）乳油1 000~1 500倍液等，喷雾防治，每隔7~10天用药一次，防治1~2次，注意交替使用。

2. 烟粉虱

烟粉虱寄主广泛，可为害十字花科、葫芦科、豆科、茄科、锦葵科等绝大多数蔬菜（图3-87）。

（1）为害症状。卵多产在植株中部嫩叶上。成虫喜欢无风温暖天气，有趋黄性，气温低于12℃就停止发育，14.5℃开始产卵，适温为21~33℃，高于40℃成虫死亡，相对湿度低于60%时成虫停止产卵或死去。由于该虫繁殖力强，种群数量庞大，分泌大量蜜源，严重污染叶片和果实，引起煤污病，严重影响商品性，还是多种病毒的传播媒介。大范围的苗木、种子调运使其长距离传播，也可借风或气流长距离传播。暴风雨能抑制其大发生，高温干旱季节发生严重。

（2）防治方法。育苗前清除杂草和残留株，彻底熏蒸杀死残留虫源，培育"无虫无病苗"；避免与黄瓜、番茄、豆类混栽或换茬，与芹菜、茼蒿、菠菜、油菜、蒜苗等白粉虱不喜食而又耐低温的蔬菜进行换茬，以减轻发生；田间作业时，结合整枝，摘除植株下部枯黄老

图3-87　烟粉虱

叶，以减少虫源。苗床上或温室大棚放风口设置避虫网，防止外来虫源迁入。在烟粉虱成虫盛发前期，在田间悬挂黄板，使其与植株同样高度或略高，可有效诱杀成虫。烟粉虱世代重叠严重，繁殖速度快，须在烟粉虱发生早期施药，每隔5天用药一次，连续防治3~4次。用10%扑虱灵乳油1 000倍液喷施，对粉虱有特效；或用25%杀螨乳油1 000倍液喷施，对粉虱成虫、卵和若虫有效；联苯菊酯25%乳油3 000倍液可杀成虫、若虫、假蛹；氯氟氰菊酯20%乳油5 000倍液喷施；氰菊酯20%乳油2 000倍液连续施用，有较好的效果。因烟粉虱极易产生抗药性，防治药剂必须交替使用，避免产生抗药性。

3. 瓜蚜

瓜蚜主要为害甜瓜、南瓜、西葫芦、黄瓜、葫芦等蔬果，也为害豆类、茄子、菠菜、葱、洋葱等蔬菜及棉、烟草、甜菜等作物（图3-88）。

（1）为害症状。成虫和若虫在叶片背面和嫩茎、嫩梢上吸食汁液，密度大时产生有翅蚜迁飞扩散。瓜苗嫩叶和生长点被害后，叶片卷缩，瓜苗生长缓慢萎蔫，甚至枯死。老叶受害，提前枯落，结瓜期缩短，造成减产。高温高湿和雨水冲刷，不利于瓜蚜生长发育，为害程度减轻。当相对湿度超过75%时，瓜蚜的发育和繁殖受抑制，干旱少雨年份发生重。蚜虫为害还可引起煤烟病，影响光合作用，更重要的是可传播病毒病，植株出现花叶、畸形、矮化等症状，受害株早衰，有时由于其传播所带来的为害要远远超过其本身所造成的为害。

（2）防治方法。破坏瓜田周围蚜虫越冬场所，杀灭木槿等寄主上的瓜蚜越冬卵。保护地可采取高温闷棚法，方法是在收获完毕后不急于拉秧，先用塑料膜将棚室密闭3~5天，消灭棚室中的虫源，避免向露地扩散，也可以避免下茬受到蚜虫为害。防虫网覆盖育苗。利用黄板诱蚜或银灰色膜避蚜，以减轻为害。采用瓜蚜天敌，其中包括体内寄生的蚜茧蜂科、蚜小蜂科、跳小蜂科和金小蜂科；捕食性天敌有瓢虫、草蛉、食蚜蝇、食蚜瘿蚊，食蚜螨、花蝽、猎蝽、姬蝽等。还有菌类如蚜霉菌等。在瓜蚜点片发生期开始

图3-88 瓜蚜

喷药防治，药剂可选用10%吡虫啉可湿性粉剂2 000倍液，或10%氯噻啉可湿性粉剂750~ 1 000倍液，或3.5%锐丹（氟腈·溴）乳油800~1 000倍液等，喷雾防治。喷雾时喷头应向上，重点喷施叶片背

面，将药液尽可能喷到瓜蚜上。吡虫啉类药剂可兼治蓟马，但对瓜类幼苗较敏感，高温季节慎用。保护地可选用22%敌敌畏烟剂（苗期慎用）或10%杀瓜蚜烟剂进行熏蒸，每亩次400~500克，在棚室内分散放4~5堆，暗火点燃，密闭3小时左右即可。

4.红蜘蛛

红蜘蛛常见的有3个近似种，主要为害茄科、葫芦科、豆科、百合科等多种蔬菜作物（图3-89）。

图3-89 红蜘蛛

（1）为害症状。越冬虫态随地区不同而异，多以雌成螨、幼螨和卵在土缝、树皮和杂草根部过冬。越冬场所大多在秋后寄主附近的土缝里或树皮下。翌年早春2—3月开始活动，4月中下旬至5月初陆续向作物转移并为害。一只雌螨可产卵百余粒，成螨和若螨靠爬行或吐丝下垂在植株间蔓延为害。红蜘蛛的幼虫、若虫、成虫主要集中在甜瓜叶背面，刺吸汁液。被害初期，叶面出现黄白色小斑点，以后变成红色斑点为害严重时，叶背、叶面、枝蔓间均布满丝网、粘满尘土，严重影响叶片的光合作用和植物的生理功能，叶片逐渐枯黄，后期植株死亡。

（2）防治方法。清除田间枯枝落叶和杂草，并耕整土地，以消灭越冬虫态。加强虫情检查，控制在点片发生为害阶段，做好查、抹、摘、治。红蜘蛛发生初期，调节温室内温度、湿度，创造高温、高湿的环境，以减少红蜘蛛的蔓延。高温闷棚，播种前每亩将50%多菌灵粉剂2千克均匀撒入土壤中，再用白色地膜覆盖5~10天。在成、若螨始盛期，选用24%螨危（螺螨酯）悬浮剂4 000~5 000倍液，或9.5%螨即死（喹螨醚）乳油2 000~3 000倍液，或15%扫螨净（哒螨灵）乳油1 500倍液，或1.8%阿维菌素可湿性粉剂1 500~2 000倍液等，喷雾防治，每隔5~7天用药一次，连续防治2~3次，重点喷洒植株上部的嫩叶背面、嫩茎、花器、生长点及幼果等部位，并注意交替使用。

5. 蓟马

蓟马主要为害甜瓜、黄瓜、节瓜、冬瓜、苦瓜、茄子、甜椒、豆类蔬菜等（图3-90）。

（1）为害症状。蓟马成虫具有较强的趋蓝性、趋嫩性和迁飞性，爬行敏捷、善跳、怕光。平均每头雌虫可产卵50粒，卵产于生长点及幼瓜的茸毛内。可营两性生殖和孤雌生殖，初孵若虫群集为害，1~2龄多在植株幼嫩部位取食和活动，老熟若虫落地入土发育为成虫。蓟马若虫最适宜发育温度25~30℃，土壤相对湿度20%左右。卵历期5~6天，若虫期9~12天。蓟马以成虫、若虫锉吸甜瓜心叶、嫩芽、幼果的汁液，使被害植株嫩芽、嫩叶卷缩，心叶不能张开。甜瓜生长点受蓟马为害后，常失去光泽，皱缩变黑，不能再抽蔓，甚至死苗。幼瓜受蓟马为害后，出现畸形，表面常留有黑褐色疙瘩，瓜

图3-90　蓟马

形萎缩，严重时造成落果。成瓜受蓟马为害后，瓜皮粗糙有斑痕，极少茸毛，或带有褐色波纹，或整个瓜皮布满"锈皮"，畸形。

（2）防治方法。秋冬季清洁瓜园，消灭越冬虫源。加强肥水管理，使植株生长健壮，可减轻发生为害。采用营养钵育苗、地膜覆盖栽培等。在成虫盛发期内，在田间设置蓝板可有效诱杀成虫。根据蓟马繁殖速度快、易成灾的特点，应注意发生早期施药，当每株虫口达3~5头时，立即喷施。初始隔5天喷药2次，以压低虫口数量，以后视虫情隔7~10天喷药2~3次。防治药剂可选择10%速美效（三氟甲吡醚）1 000~1 200倍液，或10%烯啶虫胺可溶性液剂1 500倍液，或10%吡虫啉可湿性粉剂1 000倍液（苗期慎用）等，喷雾防治。

6. 黄守瓜

瓜类蔬菜的重要害虫之一，以成虫在背风向阳的杂草、落叶和土缝间越冬（图3-91）。

（1）为害症状。成虫主要为害甜瓜苗的叶、嫩茎、花和果实。成虫取食叶片时，以身体为中心、身体为半径旋转咬食一圈，然后在圈内取食，在叶片上形成一个环形或半环形食痕或圆形孔洞。幼虫在土里为害根部，低龄幼虫为害细根，3龄以后食害主根，钻食在木质部与韧皮部之间，此时可使地上部分萎蔫致死。贴地生长的瓜果也可被幼虫蛀食，引起瓜果内部腐烂，失去食用价值。

图3-91　黄守瓜

（2）防治方法。和麦类套种可以减少成虫为害。在植株周围铺沙子铺草、撒石灰粉或草木灰等，防止产卵，减少幼虫为害。于成虫发生期，选用 10% 氯氰菊酯乳油 1 500~3 000 倍液，或用 5% 顺式氯氰菊酯乳油 2000 倍液均匀喷雾。防成虫还可用 90% 敌百虫乳油 1000 倍液，或 20% 氰戊菊酯乳油 2000 倍液，或 10% 氯氰菊酯乳油 2000 倍液。防幼虫用 90% 敌百虫乳油 1500 倍液，或 50% 辛硫磷乳油 2500 倍液灌根。喷洒 90% 敌百虫乳油 800 倍液防治成虫有一定效果，若加少量碱面能提高防治效果。在根部灌浇 90% 敌百虫乳油 1000 倍液，可杀死幼虫。利用成虫假死性，在早晨和晚上进行人工捕杀，也可在瓜田内分散几处插些树枝，招引成虫飞集在树枝上进行捕杀。

七、采收

（一）采收时期

甜瓜应适时采收，采收过早，糖度低、品质差、产量低；采收过迟，往往会引起脱蒂、裂果、口感变差，影响商品性。根据品种的特征持性及授粉时间推算采收时间，最好在授粉期做好标记，以推算果实生长日期，同时也可根据该品种成熟果实固有的色泽、花纹、网纹、棱沟、香味浓郁程度等进行判断。当结果枝叶片叶肉失绿，叶片变黄，呈现缺镁症状，预示着果实即将进入成熟采收期（图 3-92）。

（二）采收方法

一般于 9 成熟时采收，两头带叶剪下，防止扭伤瓜蔓，把瓜柄剪成"T"状，以利于在销售和暂时贮存过程中促进成熟，提高果实的品质。在上午 10 点前进

图3-92　甜瓜成熟期功能叶转化

行采收，采收选择外形周正、无明显外伤的果实，厚皮甜瓜留下"T"字形果柄，长度为10~15厘米；薄皮甜瓜留下5~10厘米果柄。采收时轻拿轻放，用纸箱分级包装上市。采收时间宜选在清晨露水干后或傍晚。部分皮薄的品种，比如慈溪菜瓜，采摘时还需戴好棉手套，以防机械损伤（图3-93）。

图3-93 "T"字形采收

八、保鲜贮运

（一）包装运输

1.包装

采收后及时清洁瓜面，贴上商标，严格分级，单果套上网套包装（图3-94）。用于甜瓜包装的容器应整洁、干燥、牢固、透气、无污染、无异味，内壁无尖凸物。纸箱无受潮、离层现象，技术要求应符合GB/T 6543的要求，塑料箱应符合GB/T 5737的要求。装箱前产品可选用合适大小的泡沫网套好，两头用牛皮筋扎牢，护瓜；装箱后标签应标明产品名称、产品标准号、质量等级、重量（毛重、净重）、产地、采收日期或包装日期、商标、生产单位或经销单位及详细地址，字迹应清晰、完整、准确。根据纸包装箱大小，一般每箱装2个、4

图3-94 装网套

个或6个（图3-95、图3-96）。

图3-95 简易包装　　　　　　　图3-96 精品包装

2.运输

在装卸运输中应快装快运、轻装轻放，运输途中应防暴晒、雨淋。运输散装瓜时，运输工具的底部及四周与果实接触的地方应加稻草等铺垫物，每层瓜之间也要用软质材料隔开，装瓜的层数不超过6~8层，以防机械损伤。运输用的车辆、工具、铺垫物、防雨设施等，应清洁、卫生、干燥、无污染，不得与其他有毒、有害物品混装混运。运输时间较长时，可以选择冷藏车，采用低温保鲜的方法延长货架期。

（二）贮藏保鲜

1.低温贮藏

（1）原理。低温贮藏是快速去除果实田间热，将果实温度降低，并维持在低温状态，以到达减缓果实腐败变质，延长其保存期的一种贮藏方法。在采收后，甜瓜自身的呼吸作用是导致其衰老变质的主要原因。低温贮藏能够减弱甜瓜的呼吸作用，延缓呼吸作用引起的衰老进程，从而维持果实品质，延长果实贮藏期；同时，低温贮藏对部分真菌和酵母生长具有抑制作用，降低微生物侵害果实的概率，降低果实腐烂率（图3-97）。

图3-97　低温贮藏

（2）工艺流程。采收→分级→包装→低温贮藏。

（3）操作要点。将甜瓜分级后进行包装，将码好的果实迅速转运至冷库，前12~24小时，控制温度在5~10℃，然后控制温度为5~15℃。厚皮甜瓜贮藏较适宜温度为10~15℃，薄皮甜瓜为5~10℃。

2.1-MCP贮藏

（1）原理。1-甲基环丙烯（1-MCP）贮藏是通过1-MCP熏蒸，抑制果实成熟和衰老过程，从而延长果实贮藏期的一种贮藏方法。

（2）工艺流程。采收→分级→包装→低温贮藏→1-MCP处理。

（3）操作要点。将甜瓜分级后进行包装、预冷，在果实入库后，使用0.5~3毫克/千克的1-MCP熏蒸24小时。熏蒸的浓度由甜瓜的品种和成熟度决定，一般8成熟的厚皮甜瓜采用1毫克/千克的1-MCP熏蒸24小时；8成熟的薄皮甜瓜采用0.5毫克/千克的1-MCP熏蒸24小时。

3.气调贮藏

（1）原理。气调贮藏是通过改变环境气体组分中二氧化碳浓度、氧气和氮气的比例，配合适当的低温条件，来延长果蔬贮藏期的一种贮藏方法。气调贮藏是使空气组分中的二氧化碳浓度上升，氧气浓度下降，配合适当低温环境，使果实处于正常而又低消耗的代谢状态，从而延缓果实的成熟、衰老，同时抑制引起果实劣变的微生物活动过程，减轻或避免某些生理病害的发生，延长果实贮藏期。

（2）工艺流程。采收→分级→预冷→气调包装→低温贮藏。

（3）操作要点。将甜瓜分级后进行包装，在8~10℃条件下预冷10~24小时，将预冷后的果实进行气调包装，也可以将包装后的甜瓜进行低温气调贮藏。

第四章　食用方法

　　甜瓜是一种深受消费者喜爱的水果，挑选甜瓜掌握看一看、压一压、闻一闻的方法，主要以鲜食为主，家庭可以制作果汁、水果沙拉、果酱，另外还可以工业化加工成鲜切甜瓜、甜瓜干、甜瓜酒、甜瓜片。

一、选购

(一)看一看

1. 看藤蔓

挑选甜瓜时，先看一下甜瓜果蒂处藤蔓的新鲜程度，宜选择藤蔓绿色新鲜的甜瓜。如果藤蔓是绿色的，说明是刚摘下来不久的，比较新鲜；如果藤蔓萎蔫变干，甚至已经干枯没有水分，则说明摘下来的时间过长，新鲜度不佳。

2. 看果实

首先选择果面完好无破损、果皮没有变软的甜瓜。白皮甜瓜要挑色泽发白的，越白越好，或是网纹稍多的甜瓜；黄皮甜瓜要挑果皮色泽鲜艳，越黄越好，黄得发红的最好；绿皮甜瓜要挑果皮色泽鲜艳，或是带有稍许黄晕的甜瓜；网纹甜瓜要挑网纹粗细分布均匀美观、裂口少或没有的甜瓜。不同品种特性有差异，可以了解品种特征特性，再针对性地进行选择（图4-1）。

图4-1　甜瓜商超销售

（二）压一压

用手按压甜瓜果面或果脐，宜选择果面软硬适中、有稍许弹性的甜瓜。如果按压起来硬邦邦的可能是生瓜，如果按压起来太软，弹性很差，说明瓜有点熟过了，果肉已经变软了。

（三）闻一闻

闻一下甜瓜的香味，部分甜瓜品种在成熟时，会散发出浓郁的香味，特别是薄皮甜瓜大都带有香味，宜选择香味浓郁的甜瓜。香味淡，甚至没有香味的甜瓜，很可能成熟度不够。

二、食用

甜瓜以鲜食为主，适合做水果沙拉，可以榨汁饮用，部分越瓜类型甜瓜还可以凉拌食用。此外，少量甜瓜用来深加工，其产品附加值成倍提高，厚皮甜瓜可以加工成果汁饮料、发酵酿酒、晾晒瓜干和瓜脯；薄皮甜瓜可以加工成腌制品或酱制品。

（一）鲜食

新鲜甜瓜外表洗净，挖去内瓤，对开或切条或切块，即可食用。一般人群均可食用。夏季烦热口渴者、口鼻生疮者、中暑者尤其适合食用；出血及体虚者，脾胃虚寒、腹胀便溏者忌食（图4-2）。

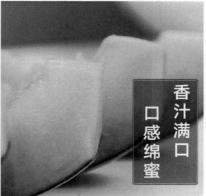

图4-2　甜瓜鲜食

（二）加工

1. 甜瓜汁

（1）工艺流程。原料→清洗→去皮去籽切分→压榨→果汁→饮用（图4-3）。

（2）操作方法。新鲜甜瓜1 000克左右，洗净、去皮去籽，切成小块备用；将切好的甜瓜放入榨汁机中；加入适量水，水要放足，否则榨汁机无法正常工作；盖上榨汁机的盖子，并扭紧；接通榨汁机的电源；按下榨汁机的电源启动开关；榨汁机开始工作，大约20秒时间；将榨好的果汁倒入杯中，即可饮用。

图4-3　甜瓜汁

2. 甜瓜果酱

（1）工艺流程：原料→清洗→去皮去籽切分→破碎→打浆→配料→浓缩→成品。

（2）操作方法：新鲜甜瓜1 000克左右，洗净、去皮去籽，切碎，撒上适量白糖腌1小时，腌渍出水后，用打碎机打成基本泥状。将甜瓜泥倒入瓷锅（或不锈钢锅）中，用中火烧开，烧开后转小火将瓜糊烧至微开状态，加入适量白糖或麦芽糖，慢慢地用筷子搅匀，以防糊锅，看黏糊状态，煮至甜瓜泥浓缩至黏稠状时，关火晾凉，封闭玻璃瓶冷藏待用。

3. 鲜切甜瓜

鲜切甜瓜维持果实的新鲜品质，主要用于供应航空食品、大型餐饮集团、配餐公司等，具有新鲜、安全和便捷等特点，深受消费者喜爱（图4-4）。

图4-4　鲜切甜瓜

（1）工艺流程：预冷→清洗→消毒→去皮籽→切分→包装→冷藏或销售。

（2）操作要点：挑选新鲜、无病虫害、表面完好、糖度较高、成熟度为8~9成的果实，置于4℃冷库预冷24小时，然后进行清洗、消毒和去皮籽。根据产品要求将甜瓜切分成大小相宜的立方体、梯形、条形、片状或月牙形。切分后的果实使用聚乙烯保鲜盒包装，包装好的产品迅速转移至4℃冷库内低温贮藏，一般货架期为3~6天，该产品在运输和销售过程中需要冷链装备的配合，较适宜的环境温度为4℃。

4. 甜瓜干

甜瓜干具有甜瓜香气、口感酥脆、留香持久的优点，方便消费者在各个生活场景食用。

（1）工艺流程：预冷→清洗→去籽→切片→去皮→烘烤→冷却→包装→贮藏或运销。

（2）操作要点：将果实置于4℃冷库预冷24小时，清洗和去籽后切片和去皮，采用隧道干燥或热风干燥箱干燥果片，当水分含量低于8%时，烘烤结束。采用真空包装或充氮包装的方式包装产品，产品在室温下贮藏，产品保质期为24个月。

5. 甜瓜酒

甜瓜酒具有甜瓜特征性香气，口感甘冽，回味悠长，可以供消费者佐餐食用，在15℃冷藏后，饮用口感更佳。该产品可以在常温环境中可以长期贮藏，并随着贮藏时间延长，口感更绵柔（图4-5）。

（1）工艺流程：预冷→清洗→去皮籽→破碎→调配→发酵→陈酿→灌装→包装→贮藏或销售。

（2）操作要点：挑选果实置于4℃冷库预冷24小时，然后进行清洗、去皮籽和破碎，调配后按照

图4-5　甜瓜酒

0.2%的比例将酿酒酵母接种至上述调配的果汁中，添加50毫克/千克的焦亚硫酸钾，搅拌均匀，开始发酵。第一天，控制发酵罐的温度为15℃，随后每天提高2℃，发酵过程中维持机械搅拌。当果汁的酒精度达到12度，糖度为8度左右时，发酵工艺结束。将发酵结束的甜瓜酒进行过滤，将滤液转运至陈酿罐，在18℃环境下陈酿2~3个月。陈酿结束后，使用超滤膜进行过滤，即可进行灌装销售。

6. 甜瓜片

甜瓜片具有甜瓜的特征性香气，香甜酥脆，营养丰富，方便食用和储运（图4-6）。

图4-6　甜瓜片

（1）工艺流程：预冷→清洗→去皮籽→破碎→调配→均质→脱气→成型→真空冷冻干燥→烘烤→冷却→包装。

（2）操作要点：将果实置于 4℃冷库预冷 24 小时，然后清洗、去皮籽和破碎，在调配罐内添加配料，使用高压均质机进行均质，转移至脱气罐，将中转罐中的浆液倒入不锈钢模具，通过隧道冷冻的方式或冰箱方式冻结，使甜瓜浆成型，将冻好成型的样品从模具中取出，置于真空冷冻干燥机中冻干。然后将甜瓜片置于隧道式烤箱或家用烤箱中烘烤，取出烘烤后的甜瓜片，自然冷却，得到甜瓜脆片。

第五章　典型实例

　　在甜瓜产业的发展过程中，形成了一批有代表性的农业企业、农民专业合作社、家庭农场，这些市场主体产业基础较好、经营规模较大、种植技术较为规范、营销理念较为先进、影响辐射能力较强，他们是浙江省甜瓜产业蓬勃发展的见证者和实践者。这些市场主体经营负责人重视理论知识的学习和提升，积极参加各种培训会、现场会、行业会议，并将学到的先进理念应用到栽培和经营管理过程中。他们当中，有的利用当地良好的自然条件，引进优良品种，推广高效栽培技术，经济效益显著；有的实行统购统销，带动一方农民共同致富；有的以与科研单位进行项目合作为契机，专注于几个甜瓜品种，提升栽培技术和园区管理水平，打造精品，实行多样化经营；还有的开展精品甜瓜种植和营销，线上与线下销售融合发展，提高产品附加值。

一、温岭市吉园果蔬专业合作社

（一）生产基地

温岭市吉园果蔬专业合作社成立于2005年11月。生产基地位于温岭市滨海镇东片农场六大队，是一家致力于甜瓜、红茄等蔬菜种植和经营的新型现代农业主体，拥有现代化智能玻璃温室育苗中心1万平方米、自动流水化育苗线一条，智能钢架连栋温室大棚19.2万平方米、智能肥水一体化系统一套，产后处理中心400平方米。生产基地面积1 300多亩，并连接周边近3 000亩西甜瓜生产基地，起到了引导、带动和服务作用。温岭市吉园果蔬专业合作社先后荣获国家级示范性农民专业合作社、浙

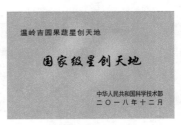

江省现代农业科技示范基地、浙江省十佳甜瓜生产基地。企业奉行"我们一直致力于种植食用放心、品质自然的果蔬"为宗旨，近年来生产规模逐渐扩大、生产设施升级改造，精品农产品产销两旺，优质农产品效益得以显现。

（二）产品介绍

温岭市吉园果蔬专业合作社积极与浙江省农业科学院、宁波市农业科学院和温岭市蔬菜办开展技术合作，制定了企业甜瓜标准化栽培技术，拥有"吉园"和"滨吉"两个注册商标，并通过了国家无公害产品、无公害基地认证。其中主打的甜瓜品种有："QQ蜜""小蜜""西州密25号""东方蜜1号""玉菇"等，生产上严格按照标准化技术规程，应用了穴盘育苗、三膜覆盖、吊蔓栽培、肥水一体化、生物物理病虫害防控等栽培技术。生产的瓜果果形端正，外观漂亮，色泽均匀，肉质可口，口感或香甜或脆甜，风味极佳。企业根据不同的销售渠道，制定的包装规格多样，包装简约大方精致，产品进军本地连锁超市以及百果园水果连锁超市、长三角各大水果批发市场、微信淘宝网上商店。产品畅销华东地区，

远销北京、广州、深圳等大城市。温岭市吉园果蔬专业合作社甜瓜2018年被推荐为浙江名牌农产品，2018年荣获第十六届中国国际农产品交易会金奖，2015—2018年连续获得浙江省农博会金奖、精品果蔬展销会金奖；温岭市农（渔）业博览会金奖。2016年，荣获浙江省农业之最甜瓜擂台赛二等奖。

（三）负责人简介

辛宏权，男，1976年1月生，浙江温岭人，大专学历。从事西甜瓜种植已有20年，1998年4月退伍回家，在东片农场一大队，开始大棚甜瓜、红茄种植，2002年12月转至浙江省农业高科技园区（萧山）种植西甜瓜等作物，2005年在家乡成立温岭市吉园果蔬专业合作社，担任理事长，在温岭建立300亩高标准甜瓜生产核心示范基地。个人先后被评为浙江省劳动模范、台州市劳动模范、台州市第二届农技标兵、台州市水库移民创业致富带头人和温岭市首届农技标兵。

联 系 人：辛宏权

联系电话：137 3850 8888

温岭市吉园果蔬专业合作社利用连栋大棚开展甜瓜立架栽培，走精品甜瓜配送模式。企业与科研院校积极合作，勇于探索新的技术、新品质和使用新生产方法。生产重视优质有机肥作基肥，积极应用智能水肥一体化系统、智慧大棚精准温控系统，病虫害防治优先采用物理防治、生物防治，果实采收统一标准（成熟度达到85%以上采收）、执行严格的分级包装，进军本地连锁超市以及百果园水果连锁超市，市场销售火爆。企业在传统连锁超市配送的同时开展线上销售，除了微信朋友圈营销外，积极与杭州、上海等网销团队合作，优质的货源，销售量快速上升，迅速地提高了企业的知名度，效益非常显著。温岭市吉园果蔬专业合作社走优质甜瓜产销模式是近年来精品甜瓜生产模式的一个成功案例。

二、宁波市鄞州景秀园果蔬专业合作社

（一）生产基地

宁波市鄞州景秀园果蔬专业合作社成立于 2010 年 12 月，生产基地位于鄞州区姜山镇景江岸村，总面积 300 亩，设施均为标准化钢管大棚。全部采用自动喷灌浇水、施肥等现代化园区管理生产模式，2016 年 10 月通过了宁波市甜瓜大棚种植标准化现代农业园区项目验收。先后被评为鄞州区镇级特色农业精品园、宁波市农业科学院科技示范基地、国家西甜瓜产业技术体系宁波综合试验站甜瓜示范基地、系列甜瓜通过了国家无公害产品、无公害基地认证。

基地自成立以来注重科技投入，依托宁波市农业科学院等科研单位的技术优势，大力发展"精品、高效、节本、可持续"的现代都市农业，曾主持宁波市科技创业创新重大项目 1 项、鄞州区科技攻关项目 3 项、星火项目 1 项、合作参加宁波市农业重大择优委托科技攻关"瓜类砧木和甜瓜种质创新及新品种选育"项目，2015 年获得宁波市科技进步一等奖。同时历年来被鄞州区农林局授牌定点为"农业科技教育实训基地"，被评为全国农技推广示范县（区）2014 — 2015 农业科技示范基地，宁波市农业科普基地、宁波市慈善扶贫产业基地、宁波市现代农业庄园、浙江省旅游采摘体验基地、浙江省 101 所农业田间学校。

（二）产品介绍

基地大胆引进新品种，引用种植新方法，不断创新思维，坚持科学种植，保证基地产品品质优于同行。目前已成为宁波市"甬甜5号"甜瓜种植面积最大、栽培最规范、技术力量最强的基地之一，产品成功打入柯剑飞水果连锁店。2015年6月和2016年5月中国工程院"甜瓜之母"吴明珠院士两次来基地考察，在品尝了甜瓜后赞不绝口："在东部低温多雨寡照地区，能生产出来这么优质的甜瓜，很不容易"。基地甜瓜2013年、2015年连续二届荣获浙江省西甜瓜"金奖"称号。2016年荣获浙江农业之最甜瓜擂台赛最佳人气奖。2017年荣获宁波市名牌农产品称号。2018年荣获浙江省精品西甜瓜优质奖。

中国工程院吴明珠院士来基地考察

近年来在主打产品"甬甜5号"甜瓜的基础上，不断扩展新品种，又种植了葡萄、草莓、薄皮甜瓜等水果，同时种植不同季节应季蔬菜。坚持无公害种植模式，尽量不用或少用农药，保证为宁波市民提供绿色、放心、新鲜水果。现在基本可以做到一年四季瓜果飘香，原生态鸡鸭放养，提供"种在当季，吃在当季"的应季新鲜时令水果，并致力于打造一个可供宁波市民普及农业种植科普示范、旅游采摘的绿色生态农业生产基地。

（三）负责人简介

楼秀峰，女，1969年7月生，浙江鄞州人，大专学历。从事甜瓜种植已有5年，每年至少参加1~2次以上相关业务知识培训，并学以致用。历年来被评为"宁波市双学双比女能手"，"鄞州区十大致富女能手"称号。

联系人：楼秀峰

联系电话：130 5687 3682

> **专家点评**
>
> 宁波市鄞州景秀园果蔬专业合作社依托宁波市农业科学研究院，采用"合作社＋科研院所"的模式，利用科研院所在品种和技术方面的强大实力，参与申报了一系列科技项目，以科技项目实施为突破口，提升基地标准化管理水平，甜瓜产品质量获得明显提升，其"甬甜5号"甜瓜产品多次获得金奖，打入宁波高端连锁水果店，优质甜瓜产品供不应求，得到消费者的普遍认可。

三、嘉善县小白龙果蔬专业合作社

（一）生产基地

嘉善县小白龙果蔬专业合作社生产基地位于嘉善县魏塘街道长秀村，总面积216亩，设施均为标准化钢管大棚。2017年经过产业提升，全部采用自动喷、滴灌浇水、施肥，全自动通风揭膜等现代化园区管理生产模式，是国家西甜瓜产业技术体系宁波综合试验站甜瓜示范基地。

基地自成立以来注重科技投入，依托浙江省农业科学院、宁波市农业科学院等科研单位的技术优势，一直以"绿色、健康、环保"为宗旨，以"用心种地，诚信做人，创新求发展"的理念，以"你的健康是我的责任"为原则，守护着你我舌尖上的安全。大力发展"精品、高效、节本、可持续"的现代农业。2016年评定为省级生态循环农业主体，2017年评定为省级现代农业科技示范基地。

（二）产品介绍

目前合作社已成为嘉善县甜瓜种植面积最大、栽培最规范、技术力量最强的基地之一，产品成功打入江浙沪市场，"小白龙"系列甜瓜品质也得到了消费者的认可，被消费者誉为"小时候的味道"。"小白龙"甜瓜2013年、

2015年连续两届荣获浙江省西甜瓜博览会"金奖"称号，2016年荣获浙江农业之最甜瓜擂台赛三等奖，2018年荣获浙江省精品西甜瓜优质奖，甜瓜产品通过了国家无公害产品、无公害基地认证。

近年来合作社在主打产品"小白龙"甜瓜的基础上，不断扩展新品种，引进了"甬甜5号""甬甜7号""翠雪5号""翠雪7号"等新品种，同时种植不同季节应季蔬菜。坚持无公害种植模式，保证为消费者提供绿色、放心、新鲜水果。

（三）负责人简介

王华荣，男，1974年5月生，浙江嘉善人，高中学历。从事甜瓜种植已有11年，每年至少参加1~2次相关业务知识培训，并学以致用。2011年4月牵头组建嘉善县小白龙果蔬专业合作社。现为嘉善县小白龙果蔬专业合作社理事长，嘉善县农民专业合作社联合会秘书长，嘉善县家庭农场协会副会长。

联 系 人：王华荣

联系电话：138 6732 5498

专家点评　嘉善县小白龙果蔬专业合作社主要从事甜瓜等瓜菜种植，是嘉善最大的甜瓜种植基地之一，在该县农经局经作站的大力支持下，每年开展甜瓜优新品种示范展示，引进试种甜瓜新优品种30多个，多次在该基地召开新品种和新技术甜瓜现场观摩会，对全县甜瓜产业发展具有较大带动作用。

四、台州市椒江鑫旺果业专业合作社

(一)生产基地

台州市椒江鑫旺果业专业合作社成立于 2017 年 4 月,生产基地位于椒江区三甲街道街下村,75 省道东侧,道路交通方便,处于椒江区万亩甜瓜生产基地的中心位置。椒江区位于浙江省沿海中部台州湾入口处,气候受海洋水体调节,较同纬度内陆地区温和湿润。椒江万亩甜瓜生产基地属沿海带状区域,土壤磷钾含量较高,出产的甜瓜甜度远超其他内陆区域,口感更为松脆。2019 年基地面积 387 亩,设施钢架大棚 130 亩,其中连栋钢架大棚 11 亩。

基地自成立以来秉持高科技引领的理念,依托浙江大学、省农业科学院和区农业部门等科研推广单位的技术指导和政策扶持,充分发

挥位于椒江万亩甜瓜生产基地中心位置的优势，带动瓜农走甜瓜优质精品化发展道路。基地是省重大农业技术协作推广、"三农六方"、市院地合作等多个项目的试验示范合作基地，同时也是省种子管理站的省级瓜菜新品种展示基地。2018年实施的台州市农技推广基金会"大棚甜瓜—晚稻轮作种植模式"项目，有效缓解甜瓜连作障碍和粮经争地问题，被列为省级农作制度创新示范点。

（二）产品介绍

基地主要种植甜瓜品种为"东方蜜1号"和"西州密25号"，同时引进展示多个甜瓜新品种，依照《厚皮甜瓜设施栽培技术规程》进行标准化生产，生产的甜瓜安全优质，是椒江区农业区域公用品牌"椒子农心"授权使用单位。基地多次作为省市区西甜瓜现场会观摩地点，示范展示的"浙甜401""翠雪7号"等产品得到了浙江大学、省农业科学院和省市区等专家和领导的一致点赞。在台州首届精品甜瓜评选中荣获"2018台州优质甜瓜十佳生产主体"称号。2018年荣获浙江省精品甜瓜优质奖。

基地主要种植甜瓜等瓜果蔬菜粮食等作物，利用异味发酵技术将奶牛粪肥生产有机肥，运送到种植基地作为基肥。同时种植

基地产生的作物废茎叶，则作为养殖场的饲料，实现资源生态循环利用。基地已成为台州市民进行甜瓜、樱桃番茄应季采摘游、农业种植知识科普的绿色生态农业生产科教基地。

（三）负责人简介

杨恩明，男，1974年9月生，浙江椒江人。从事甜瓜种植已有6年。多年来担任街下村村委会主任，致力于乡村产业发展，是带动村民致富、实现乡村振兴的杰出代表。

联 系 人：杨恩明

联系电话：139 0576 9970

专家点评

台州市椒江鑫旺果业专业合作社依托浙江大学、省农业科学院和当地推广部门的技术力量，其引进展示示范的"翠雪7号""浙甜401"甜瓜产品获评"2019年省十佳西甜瓜品种"。合作社着力提升基地标准化管理水平，创新甜瓜—水稻轮作模式，结合种养殖业进行生态循环生产，带动周边农民开展甜瓜精品化生产，并通过"椒子农心"区域公用品牌实现优质优价，生产的农产品得到了广大消费者的认可。

五、象山秋红果蔬专业合作社

（一）生产基地

象山秋红果蔬专业合作社成立于 2011 年 11 月，生产基地位于象山县泗洲头镇大理里坑村，主要经营甜瓜和各类蔬菜，经过 9 年多的发展，甜瓜连片种植面积达到 350 多亩，甜瓜生产实行"五统一"管理，2018 年销售额为 900 万元，并投资 200 万元，统一将原来的毛竹大棚更新为钢管大棚。同时，合作社积极申请农业部蔬菜标准园项目，加大基地建设投入，投资 120 余万元建成甜瓜预处理中心、300 立方米保鲜冷藏库、交易市场等，对基地路沟渠进行改造提升，并引进推广太阳能杀虫灯、性诱剂、色板等物理防控设施，切实提高生产水平。

象山秋红果蔬专业合作社为农业部蔬菜标准园，先后被评为"象山县科技示范单位"、宁波市西甜瓜科技示范实验基地、国家无公害农产品生产基地等，成为大理村的一张"金名片"，合作社始终坚持"诚信为本，客需己任"的经营宗旨，将满足客户的需求放在首位，愿与国内外同仁在果蔬行业中真诚合作，以先进的设备，精细化的管理，竭诚为广大客户提供便捷、优质、高效的服务。

（二）产品介绍

象山秋红果蔬专业合作社先后引进了"丰蜜29号""甬甜5号""东方蜜1号"等品种，引进吊蔓栽培、基质育苗等技术。合作社主动与泗洲头镇政府和县农林局对接，注册了"灵山仙子"商标，制定了地方甜瓜生产技术标准。合作社全面推行甜瓜标准化生产，实行统一生产标准、统一品质规格、统一包装、统一品牌、统一销售。合作社积极联系宁波、杭州、江苏、福建等地的商贩，订立统一销售价。2015年，合作社举办了首届甜瓜节，不仅让产品"走出去"，还引进游客采摘品尝，带动当地的甜瓜销售。2016年5月中国工程院"甜瓜之

中国工程院吴明珠院士来秋红果蔬专业合作社基地考察

母"吴明珠院士来秋红果蔬专业合作社基地考察,在品尝了海岛甜瓜后,大力推崇以海岛甜瓜为特色带动村民共同致富的发展思路。由于合作社生产的甜瓜皮薄香脆、口感好、品质佳、香味浓郁,深受消费者的青睐,产品"远飘"省内外各大卖场和超市。社员们的种植效益也"步步高",最高亩产值达 1.5 万元,最高亩纯收入 1 万元左右,切实带动了村民增收致富。

（三）负责人简介

项秋国,男,1962 年 10 月生,浙江象山人。现任秋红果蔬专业合作社社长,大理里坑村党支部委员。从事甜瓜种植已有 11 年,每年至少参加 1~2 次省、市、县相关业务知识培训,并学以致用。作为村集体致富的带头人,多次被评为"象山县甜瓜科学示范先进奖"称号。

联系人：项秋国

联系电话：158 2422 1390

专家点评

象山秋红果蔬专业合作社依托宁波市农业科学研究院,采用"合作社 + 科研院所 + 农户"的模式,利用科研院所在品种和技术方面的强大实力,参与申报了一系列科技项目,并申报全国一村一品专业示范村,以科技项目实施为突破口,提升基地标准化管理水平,甜瓜产品质量获得明显提升,其"甬甜 5 号""丰蜜 29"甜瓜产品多次获得金奖,获得杭州、江苏、福建等客商的青睐,优质甜瓜产品供不应求,得到消费者的普遍认可。

六、普陀桃花岛思缘有机农产品专业合作社

（一）生产基地

舟山市普陀桃花思缘有机农产品专业合作社的小白瓜生产基地，位于舟山群岛新区4A级景区的桃花岛上，总面积60亩，生产设施均为标准化钢管大棚。近年来合作社一方面依托省农业科学院、宁波市农业科学院等科研单位

的技术优势，在基地内示范推广嫁接育苗、肥水一体化、多膜覆盖、病虫害绿色防控等综合配套技术，使基地的生产水平明显提高。另一方面按照区委、区府提出的"生态、精致、优美、高效"的农业发展理念，加强基地建设，发展绿色高效的的设施农业。合作社基地通过了国家无公害生产基地的认证，2017年评为浙江省现代农业科技示范基地，2018年被确立为浙江省蔬菜产业技术团队项目示范基地。

（二）产品介绍

桃花小白瓜与登步黄金瓜一样，是普陀区栽培历史较为悠久的地方特色薄皮甜瓜品种，过去一直露地栽培，2011年合作社开始探索利用设施大棚进行生产，经过多年的摸索，种植技术不断完善，产品品质不断提高。现在

的产品在舟山市场具有较高的知名度。同时，合作社还不断引进甜瓜新品种"甬甜5号"和"西州密25号"等厚皮甜瓜，都获得了市场的好评，现在合作社生产的"桃花小白瓜"和"西州密甜瓜"通过了国家无公害农产品的认证，在2017年首届舟山市西甜瓜展示推介会上，合作社提供的"西州密甜瓜"被评为甜瓜类金奖。

（三）负责人简介

邹克锋，男，1976年8月生，浙江普陀人，中专学历。从事甜瓜种植已有8年，每年至少参加两次以上相关业务知识培训，并学以致用，是当地的甜瓜种植带头人和技术能手。

联 系 人：邹克锋

联系电话：135 6769 7499

专家点评　舟山普陀桃花岛思缘有机农产品专业合作社主要从事当地特色甜瓜种植，是浙江典型的海岛特色甜瓜种植基地之一，他们充分利用海岛特殊气候、土壤特点，生产优质的精品甜瓜，并且每年开展甜瓜新优品种引进试验示范，引进试种甜瓜优新品种十多个，又是浙江省现代农业科技示范基地，对海岛甜瓜产业发展具有较大带动作用。

七、常山县红翔家庭农场

(一)生产基地

常山县红翔家庭农场位于东案乡田蓬村,成立于2017年8月,基地总面积80亩,设施均为标准化钢管及连栋大棚,采用现代化园区管理生产模式。农场田间生产档案记录完整,质量安全可追溯,肥水一体化、绿色防控、设施栽培等高效栽培技术应用到位。

基地产品通过了国家无公害农产品、无公害基地认证,成功注册了"红翔"品牌商标。基地自成立以来注重科技投入,依托宁波市农业科学院、衢州市农业科学院等科研单位的技术优势,大力发展"精品、高效、节本、可持续"的现代农业,承担了国家西甜瓜产业示范体系宁波试验站西甜瓜技术示范任务,是浙江省瓜菜种业创新平台示范基地、常山县本土专家工作站研究基

地，2018年被评为常山县示范性家庭农场。

（二）产品介绍

基地每年引进优质新品种和种植新技术，不断提高优良品种及高效栽培技术利用率，保证基地产品品质优于同行。目前红翔基地已成为常山县甜瓜种植面积最大、栽培最规范、技术力量最强的基地之一，基地主打甜瓜品种"甬甜5号""甬甜7号"，产品成功打入本地水果超市。在2018年浙江省精品果蔬展销会上，基地参展的"红翔"牌甜瓜被评为杭州市民最喜爱的鲜食果蔬，荣获精品果蔬展销会金奖。

（三）负责人简介

郑雨章，男，1973年5月生，浙江常山人，高中学历。从事甜瓜种植已有20年，并用5年时间在宁波农业科学院学习甜瓜种植技术，具备丰富的农业生产管理经验及较高的技术水平。每年至少参加1~2次相关业务知识培训，并学以致用，是当地甜瓜种植能手，常山县甜瓜产业带头人，历年来为常山县瓜农无偿提供技术服务，为产业发展发挥了示范引领作用。

联 系 人：郑雨章

联系电话：178 5822 0258

专家点评

常山县红翔家庭农场依托宁波市农业科学研究院，采用"家庭农场＋科研院所"的模式，利用科研院所在品种和技术方面的强大实力，研究示范了多项高效栽培技术，提升基地标准化管理水平，甜瓜产品质量获得明显提升，其"红翔"牌甜瓜产品多次获奖，打入本地水果超市，优质甜瓜产品供不应求，得到消费者的普遍认可。

八、三门县沈园甜瓜专业合作社

（一）生产基地

三门县沈园甜瓜专业合作社成立于2005年，是一家集西甜瓜育苗、种植、营销为一体的农民专业合作经济组织，基地位于三门县浦坝港镇建设塘，地处浙江东南沿海的三门湾畔，属海洋性气候带，适宜种植西甜瓜。沈园基地总面积1 300亩，其中连栋标准化钢管大棚200亩，单栋标准化钢管大棚600多亩，合作社现有30亩温室育苗基地、年繁育西甜瓜种苗（嫁接苗）260万株。基地内田间排水沟渠、田间操作道、产品整理场所与节水喷滴灌设施，基地设施配套基本完善。历年来被评为三门县特色农业精品园、浙江省现代农业科技示范基地、国家西甜瓜产业技术体系宁波综合试验站三门甜瓜示范基地。系列西甜瓜产品2009年获浙江名牌农产品。

基地自成立以来注重科技投入，依托宁波市农业科学院等科

研单位的技术优势，大力发展"精品、高效、节本、可持续"的现代农业，曾参与三门县科技攻关项目两项、合作参加省"三农六方"农业科技协作计划项目两项。同时历年来被三门县农林局授牌定点为"农业科技教育实训基地"，被评为浙江省农技推广示范县（区）2016—2017农业科技示范基地，三门县农业科普基地、三门县现代农业庄园、浙江省旅游采摘体验基地、三门县农业田间学校。2018年4月由浙江省农民合作经济组织联合会、三门县人民政府主办的"首届鲜甜三门·甜瓜节"在三门县浦坝港镇沈园农庄举办。

（二）产品介绍

基地积极引进新品种，采用种植新方法，不断创新思维，坚持科学种植，保证基地产品品质优于同行。目前沈园甜瓜专业合作社甜瓜基地已成为三门县"甬甜5号""东方蜜1号"甜瓜种植面积最大、栽培最规范、技术力量最强的基地之一，产品远销武汉、杭州、上海、广东、福建等地。专家们在品尝了三门沈园甜瓜后一致认为：三门湾独特的小气候、土壤因素，温光水气等资源条件优越，种植的甜瓜肉质细嫩，松脆爽口，口感极佳，品质比域外要好。

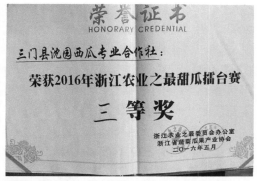

"沈园"牌西甜瓜2013年、2015年、2017年连续三届获浙江省精品西甜瓜评选优质奖。2011年"沈园"牌甜瓜荣获台州市名牌农产品称号。"沈园"牌西甜瓜荣获2014年浙江省精品果蔬展销会金奖。2016年荣获浙江农业之最甜瓜擂台赛三等奖。近年来沈园在主打产品"甬甜5号""东方蜜1号"甜瓜的基础上，不断扩展新品种，又种植了葡萄、草莓、火龙果、薄皮甜瓜等水果，同时种植不同季节应季蔬菜。坚持无公害种植模式，尽量不用或少用农药，保证为农产品消费者提供绿色、放心、新鲜水果。现在沈园农庄基本可以做到一年四季瓜果飘香，原生态鸡鸭放养、野生鱼垂钓，提供"种在当季，吃在当季"的新鲜时令水果，并致力于打造一个可供各地游客普及农业种植科普示范、旅游采摘的绿色生态农业生产基地。

（三）负责人简介

沈定祥，男，1962年11月生，浙江三门人，中专学历。从事西甜瓜种植已有20年，每年积极参加2~3次相关业务知识培训，并学以致用。先后被评为"台州市劳动模范""台州市农技标兵""2006年全省百名突出贡献农村经纪人""2009年三门县十佳农业杰出贡献者"称号。

联 系 人：沈定祥

联系电话：139 0655 0203

专家点评

三门县沈园甜瓜专业合作社依托宁波市农业科学研究院，采用"合作社＋科研院所"的模式，利用科研院所在品种和技术方面的强大实力，参与申报了一系列科技项目，以科技项目实施为突破口，提升基地标准化管理水平，西甜瓜产品质量获得明显提升，其"沈园"牌西甜瓜产品多次获奖，打入武汉、杭州、上海、广东等地市场，优质西甜瓜产品供不应求，得到消费者的普遍认可。

九、温州市龙湾海滨灵伟家庭农场

（一）生产基地

温州市龙湾海滨灵伟家庭农场位于龙湾区海滨围垦区，现有基地面积260余亩，2015年作为农业部蔬菜标准园创建项目，完成标准化钢管大棚、滴灌设施、农用变压器等配套基础设施建设，并开展了浙江省蔬菜产业技术项目，西甜瓜嫁接高产优质高效栽培模式攻关，集成甜瓜高效生态循环栽培技术规程，成为全省西甜瓜设施高效栽培示范基地。

灵伟家庭农场自成立以来注重科技投入，依托浙江省农业科学院、温州市农业科学院等科研单位技术优势，果蔬生产中全程应用水肥一体化设施，并先后引进了适应蔬果设施栽培的起垄机、播种机、移栽机、自动选果机等新型农业机械，不断提高机械化生产水平，促进农机农艺相融合。2017年创建成为浙江省第一批农业"机器换人"示范基地，2018年又相继被认定为温州市示范性家庭家场、浙江省

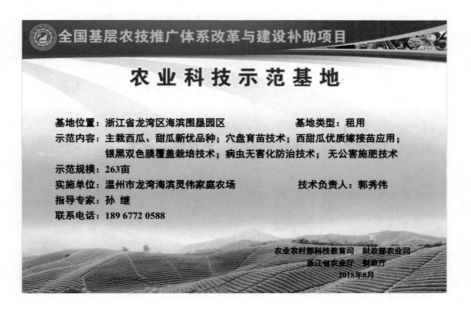

示范性家庭农场、浙江省现代农业科技示范基地、全国农业科技示范基地。

（二）产品介绍

灵伟家庭农场以种植温州本地特色薄皮甜瓜品种"白啄瓜"为主，在生产上坚持科学管理、精益求精，相继通过浙江省无公害农产品、无公害果品产地认证，确保为消费者提供绿色、优质、新鲜的农产品，目前已成为龙湾区甜瓜种植面积最大、栽培最规范、技术力量最强的主体之一。近年来，根据市场需求，主动拓展销售渠道，采用引进自动选果机、改良产品包装等方式，对产品实行分级分档销售，最大果（果径10厘米）主要供应大型超市和批发市场，中档果（果径8厘米）以批发市场为主，小果（果径5~6厘

米）通过团购和微商平台分销，实现农产品优质优价和产品销售利润最大化。"灵伟"牌白啄瓜以特有的口感松脆、味甜多汁和香气浓郁得到了广大消费者的认可，先后获得2017年浙江省精品西甜瓜评选金奖、2017年浙江精品果蔬展销会优质奖、2018年浙江省十佳甜瓜称号等荣誉。

（三）负责人简介

郭秀伟，男，1973年10月生，浙江宁海人，初中学历。从事甜瓜种植26年，每年至少参加两次以上相关业务知识培训，并学以致用。2000年7月，组织创立温州市灵丰蔬菜瓜果专业合作社，2015年1月又创建温州市龙湾海滨灵伟家庭农场，现为灵伟农庭农场负责人。

联　系　人：郭秀伟

联系电话：159 5778 3861

温州市龙湾海滨灵伟家庭农场立足温州，以种植地方品种"白啄瓜"为特色，辐射能力强，是龙湾区最大的甜瓜种植基地之一，每年开展甜瓜新优品种引进试验示范和高效生态循环种植技术示范，对全区甜瓜产业发展具有较大带动作用。

十、平湖市绿野果蔬专业合作社

（一）生产基地

平湖市绿野果蔬专业合作社成立于 2011 年 5 月，生产基地总面积 500 多亩，设施栽培均为标准化钢管大棚。基地采用旋耕整地机、卷膜机、喷滴管水肥管理、蜜蜂授粉技术、物理防治技术等现代化园区管理生产设施和技术，曾为浙江省甜瓜品种区试试验点，现为国家西甜瓜产业技术体系宁波综合试验站平湖示范县西甜瓜示范基地。

平湖市绿野果蔬专业合作社自成立以来注重科技投入，依托宁波市农业科学研究院、浙江省农业技术推广中心、平湖市农业技术推广中心等科研推广单位的技术优势，大力发展"精品、高效、节本、可持续"的现代都市型农业，基地种植甜瓜生产效益高，平均亩产值 10 000 元，亩效益 4 000 元。

（二）产品介绍

目前平湖市绿野果蔬专业合作社西甜瓜基地已成为平湖市西甜瓜种植面积较大、栽培最规范、技术力量最强的基地之一。平湖市绿野果蔬专业合作社生产的甜瓜多次获得浙江省精品果蔬展、浙江省西甜瓜评比金奖。近年来平湖市绿野果蔬专业合作社在主打产品甜瓜"甬甜5号""玉菇"品种的基础上，不断扩展新品种菜。坚持无公害种植模式，尽量不用或少用农药，保证为平湖市民提供绿色、放心、新鲜的水果。现在平湖市绿野果蔬专业合作社基本可以做到一年四季瓜果飘香，提供"种在当季，吃在当季"的应季新鲜时令水果蔬菜，并致力于打造一个可供平湖市民普及农业种植科普示范、旅游采摘的以西甜瓜为特色的绿色生态农业生产基地。

（三）负责人简介

朱卫，男，1976年6月生，浙江平湖人，中共党员，高中学历。退伍后从事西甜瓜种植已有20年，每年参加两次以上相关业务知识培训，并学以致用。历年来被评为"浙江省青年星火带头人""嘉兴市农业产业化带头人""平湖十佳青年"等称号。

联 系 人：朱卫

联系电话：135 8630 6600

专家点评

平湖市绿野果蔬专业合作社依托宁波市农业科学研究院、浙江省农业技术推广中心、平湖市农业技术推广中心，采用"合作社＋科研院所推广机构"的模式，利用科研院所推广单位在品种和技术方面的强大实力，参与申报了院地合作项目和2019—2020年蔬菜产业技术团队项目，以院地合作项目、省蔬菜产业技术团队项目实施为突破口，提升基地标准化管理水平，西甜瓜产品质量获得明显提升，优质西甜瓜产品在平湖、上海、嘉兴等地供不应求，得到消费者的普遍认可。

参考文献

黄芸萍, 张华峰, 马二磊. 2017. 南方设施甜瓜、甜瓜轻简化生产技术[M]. 北京: 中国农业出版社.

焦自高, 齐军山. 2015. 甜瓜高效栽培与病虫害识别图谱[M]. 北京: 中国农业科学技术出版社.

金珠群, 吴华新. 2016. 薄皮甜瓜[M]. 北京: 中国农业科学技术出版社.

刘海河, 郭金英. 2015. 甜瓜优质高效生产技术[M]. 北京: 金盾出版社.

马忠明, 杜少平, 薛亮. 2018. 砂田西甜瓜水肥高效利用理论与技术[M]. 北京: 科学出版社.

苗锦山, 沈火林. 2015. 棚室甜瓜高效栽培[M]. 北京: 机械工业出版社.

那伟民, 陈杏禹, 李宁. 2014. 甜瓜高效栽培新模式[M]. 北京: 金盾出版社.

潘慧锋. 2008. 西瓜、甜瓜标准化生产技术[M]. 杭州: 浙江科学技术出版社.

陶永红, 张玉鑫. 2008. 甜瓜园艺工培训教材[M]. 北京: 金盾出版社.

王坚. 2000. 中国西瓜甜瓜[M]. 北京: 中国农业出版社.

王毓洪, 皇甫伟国. 2011. 西瓜甜瓜轮间套作高效栽培[M]. 北京:金盾出版社.

吴海平, 吴早贵. 2017. 农作制度创新与实践[M]. 南昌: 江西科学技术出版社.

杨鹏鸣, 周俊国, 姜立娜. 2013. 甜瓜生产实用技术[M]. 北京: 金盾出版社.

杨鹏鸣, 周俊国, 姜立娜. 2017. 甜瓜栽培新技术[M]. 北京: 中国科学技术出版社.

后　记

　　《甜瓜》经过筹划、编撰、审稿、定稿，终于出版了。

　　《甜瓜》从筹划到出版历时近一年时间，经数次修改完善，最终得以定稿。在编撰过程中，得到了浙江省农学会、浙江省农技推广中心的大力支持和帮助，特别是浙江省农技推广中心蔬菜科科长、首席专家杨新琴研究员在百忙之中对书稿进行了仔细的审阅和修改，浙江省农技推广中心蔬菜科副科长胡美华研究员为联系示范基地做了大量工作，中国农业科学院蔬菜花卉研究所王少丽研究员提供了部分虫害照片，在此表示衷心的感谢！

　　因水平和经验有限，书中肯定存在瑕疵，敬请读者批评指正。